easy cook series ❷

과일 치즈 매뉴얼

과일 치즈 매뉴얼

초판 1쇄 인쇄 | 2013년 8월 21일
초판 1쇄 발행 | 2013년 8월 28일

지은이 | 지은경
발행인 | 전재국
부문장 | 이광자

임프린트 대표 | 이동은
책임편집 | 강경양
경영관리본부장 | 정유한
책임마케팅 | 노경석 · 윤주환 · 조안나 · 이철주
제작 | 정웅래 · 박순이

발행처 | 미호
출판등록 | 2011년 1월 27일(제321-2011-000023호)

주소 | 서울특별시 서초구 사임당로 82
전화 | 편집 (02)3487-1141 · 영업 (02)2046-2800
팩스 | 편집 (02)3487-1161 · 영업 (02)588-0835

ISBN 978-89-527-6997-8 13590

easy cook series ②

과일 치즈 매뉴얼

지은경 지음

미호

이 책에 쓰인 도구

과일 도구

1. 2 키위 도구 kiwi tool 아보카도 도구 avocado tool
키위와 아보카도를 반으로 자른 뒤 껍질에서 과육을 분리할 때 편리한 도구다.

3 사과 속 제거기 core remover
사과의 씨를 제거하는 도구로 사과를 자르지 않고 통째로 위에서 아래로 가운데에 찔러 넣었다가 빼면 씨를 제거할 수 있다. 사과뿐 아니라 배의 씨를 제거할 때에도 사용할 수 있다.

4 제스터 zester
오렌지나 레몬 등 시트러스 계열 과일의 제스트를 준비하는 데 편리한 도구다. 껍질에 대고 긁어주면 간단하게 제스트를 만들 수 있다.

5 채널 나이프 channel knife 과일 장식용 칼
과일 껍질에 모양을 낼 때 사용하는 칼로 껍질에 모양을 내서 자르면 과일을 예쁘게 낼 수 있다. 칼을 이용해 벗겨낸 껍질로 칵테일이나 디저트 등에 장식하기도 한다.

6 멜론 볼러 melon baller
멜론의 과육을 동그랗게 떠낼 때 사용하는 도구로 멜론 외에도 수박이나 키위 등에 사용할 수 있다.

1 박스 그레이터 box grater
면마다 각기 다른 4가지 크기의 구멍이 있는 박스형 그레이터로 용도에 따라 입자 크기를 다르게 하여 사용할 수 있다. 다량의 치즈를 갈아야 할 때에는 2번 그레이터보다 박스 그레이터가 훨씬 유용하다. 반경성 치즈나 경성 치즈를 갈아서 사용하는 것 외에도 감자, 주키니, 호박 등의 채소를 갈아서 사용하는 데에 편리하다.

2 그레이터 grater
테이블에 음식을 세팅한 후 바로 그 위에 소량의 치즈를 갈아서 곁들일 때 쓰기 편하다. 또한 치즈 외에도 오렌지나 레몬 등의 제스트를 갈아서 준비하기 용이하다.

3, 4, 5 치즈 나이프 cheese knife
치즈 플래터 위에 함께 세팅하여 내기 좋은 치즈 나이프다. 3은 단단한 치즈를 위에서 누르듯이 자르기 편하고, 4, 5는 부드러운 치즈를 자르거나 스프레드하기 편리하다.

6 필러 peeler
치즈를 얇게 슬라이스하기 편리한 도구로 샐러드나 샌드위치 등에 치즈를 곁들일 때 사용하면 좋다. 치즈 필러가 특별히 따로 있지는 않고 감자 필러를 사용하면 편하다.

Contents

Part2
치즈
cheese

Part 1

과일

fruit

🛒 장보기 tip

제 철 자연재배의 경우 5월이 제
철이지만 비닐하우스에서 재배하
기 시작하면서 1~5월까지 먹을 수
있게 되었다.
선택법 과육의 색깔이 선명하고 윤
기가 나며 상처가 없고 꼭지가 싱
싱한 것이 좋다.

딸기 strawberry

참 쉬운 이용법

씻기

1. 넉넉한 양의 물에 잠시 담근다.

   TIP 물에 너무 오래 담가두면 과육이 물러지고 비타민C가 물에 녹아 좋지 않다.

2. 흐르는 물에서 2~3회가량 씻는다.

손질하기 1

1. 꼭지를 잘라낸다.
2. 5mm 정도 두께로 자른다.

   TIP 빵 사이에 크림치즈를 바른 뒤 딸기를 곁들이거나 디저트 케이크 사이에 넣을 때 좋다.

3. 접시에 담는다.

손질하기 2

1. 꼭지를 잘라낸다.
2. 길이로 4등분한다.

   TIP 작은 크래커나 빵 조각에 휘핑크림과 함께 올려 카나페 등을 만들 때 좋다.

3. 접시에 담는다.

손질하기 3

1. 꼭지 부분에 V자모양으로 칼집을 넣어 도려낸다.
2. 꼭지를 자른 칼집 방향과 직각으로 반을 자른다.
3. 단면이 보이도록 접시에 담는다.

손질하기 4

1. 꼭지를 손으로 떼어낸다.
2. 꼭지 부분에 칼끝을 넣어 동그랗게 파내듯이 도려내고 딸기를 세우기 편하도록 밑동을 살짝 잘라낸다.
3. 다른 색깔의 과일을 작게 잘라 곁들인다.

   TIP 딸기 속에 휘핑크림, 크림치즈 등을 채워도 좋다.

손질하기 5

1. 딸기의 물기를 완전히 제거한다.
2. 중탕하여 녹인 초콜릿에 담근다.

   TIP 기호에 따라 다크, 밀크, 화이트 초콜릿을 이용한다.

똑똑한 보관법

CASE 1 구입 후

:: 물기에 약하기 때문에 씻지 않고 보관하되 꼭지를 떼지 않아야 신선도가 오래 유지된다.

:: 과육이 부드럽고 약하기 때문에 밀폐용기에 키친타월이나 신문지 등을 깔고 넉넉하게 담아야 물러지지 않는다.

CASE 2 손질 후

:: 딸기는 물러지기 쉬우므로 먹기 바로 직전에 세척하는 것이 좋다.

:: 이미 물에 한번 세척한 딸기가 남아 보관해야 한다면 키친타월을 이용하여 물기를 충분히 제거한 뒤 밀폐용기에 담아 보관한다.

CASE 3 남은 재료

:: 잘라서 생크림 케이크나 팬케이크 등에 곁들이면 좋다. 또한 설탕과 조려 잼을 만들거나 설탕을 넣은 와인에 가볍게 조려 콤포트를 만들어도 좋다.

:: 단기간 내에 먹기 힘들 경우 시들기 전에 깨끗하게 씻어 꼭지를 뗀 뒤 수분을 제거하여 밀폐용기에 담아 냉동실에 얼려두었다가 사용할 수 있다.

useful information

딸기는 90% 이상이 수분으로 이루어져 있으며 비타민C 함유량이 높아 항산화 효과가 탁월하고 인체 면역력 증강에 좋다. 또한 딸기의 붉은 색소 성분인 리코펜은 동맥경화와 심장병 등의 성인병 예방에 좋은 것으로 알려져 있다.

+Recipe

딸기로 만드는…
트리플 섹 크림을 곁들인 딸기

재료

딸기 20알, 생크림 200g, 설탕 20g, 트리플 섹 1큰술

만들기

1. 딸기의 꼭지를 떼고 한입크기로 자른다.
2. 차가운 생크림에 설탕을 넣고 70% 정도로 휘핑한다.
3. 트리플 섹을 넣고 조금 더 휘핑한다.
4. 딸기를 크림에 찍어 먹을 수 있도록 크림을 용기에 따로 담아 딸기와 함께 낸다.

TIP 트리플 섹은 복숭아 향이 나는 리큐르(liquer, 알코올음료)로서 휘핑크림에 향을 더해 베리류를 찍어 먹기 좋다. 트리플 섹이 없을 경우 쿠앵트로(cointreau, 오렌지 껍질로 만든 프랑스 술)나 럼 같은 리큐르로 대체하거나 바닐라빈을 넣어도 좋고, 생략해도 무방하다.

체리 cherry

참 쉬운 이용법

씻기

:: 먹기 바로 직전에 흐르는 물에 2~3회
정도 씻는다.

TIP 딸기처럼 과육 표면이 울퉁불퉁
하지 않으므로 물에 담가두지 않아도
된다.

손질하기 1

:: 씻어서 꼭지와 씨가 있는 그대로 접
시에 담아 낸다.

손질하기 2

1. 꼭지를 떼어낸다.
2. 가운데에 빙 둘러 칼집을 넣는다.
3. 가볍게 비틀어 반으로 가른다.
4. 가운데의 씨를 제거한다.
5. 접시에 담는다.

TIP 베이킹에 곁들이거나 콤포트를
만들 때 적당한 모양이다.

손질하기 3

1. 물기를 제거한다.
2. 중탕하여 녹인 초콜릿에 담근다.

TIP 기호에 따라 다크, 밀크, 화이트
초콜릿을 사용하거나 제과용 스프링
클을 입혀도 좋다.

똑똑한 보관법

CASE 1 구입 후

:: 밀폐용기에 담아 냉장고에 보관한다.

CASE 2 손질 후

:: 씻어서 보관할 경우 물기를 완전히 제거하고 밀폐용기 바닥에 키친타월을 깔아준 뒤 체리를 넣어 보관한다.

CASE 3 남은 재료

:: 타르트나 머핀, 케이크 등의 디저트에 곁들이거나 서양식 고기요리에 조려서 소스로 사용한다. 씨를 제거한 뒤 술을 담그거나 잼, 콤포트 등을 만들 수도 있다. 또한 과육을 갈아서 설탕을 넣고 졸인 뒤 체에 걸러 시럽을 만들어 아이스크림이나 팬케이크 등에 뿌려 먹어도 맛있다.

useful information

기본적으로 비타민A, B, C나 칼슘, 철분 등의 성분 외에도 천연진통제성분이 포함되어 있어서 근육통이 있는 경우에 좋고 두통에도 효과적이다. 또한 숙면에 도움을 주는 멜라토닌이 풍부하여 불면증이 있는 사람들에게도 좋다.

+Recipe

체리로 만드는…

체리 오레오 아이스크림

재료

체리 8개, 오레오쿠키 4개, 바닐라 아이스크림 1½컵,
럼주 2큰술(생략 가능)

만들기

1. 오레오쿠키의 가운데 크림을 제거하고 적당히 부순다.
2. 체리의 씨를 제거하고 적당히 썬 뒤 럼주와 함께 버무린다.
3. 아이스크림을 살짝 녹인 뒤 준비한 재료와 함께 볼에 넣고 섞는다.
4. 냉동실에 넣어 굳힌다.

TIP 1 오레오쿠키 대신 다른 종류의 달콤한 쿠키나 카스텔라 등을 넣어도 잘 어울린다.
TIP 2 체리가 나지 않는 철에는 냉동 베리류를 응용해도 좋다.

 장보기 tip

제　철 여름철에는 녹색의 아오리 사과가 나오고 추석 즈음인 9월에 홍옥으로 시작해서 10월 중순부터 12월까지가 부사철이다.

선택법 너무 작지 않고 어느 정도 크기가 있으며 묵직한 것이 좋다. 또한 탱탱하며 색이 맑은 것이 좋다.

사과 apple

참 쉬운 이용법

씻기

:: 넉넉한 양의 물에 담가 손으로 문질러 껍질을 씻은 뒤 흐르는 물에 헹군다.
TIP 껍질과 과육이 단단하므로 물에 충분히 담갔다 씻어도 영양 손실이 거의 없다.

손질하기 1

1. 4등분한다.
2. 씨 부분에 V자모양으로 칼집을 넣어 도려낸다.
3. 껍질을 깎는다.
4. 길이로 2등분한다.
5. 접시에 담는다.

손질하기 2

1. 4등분한다.
2. 씨 부분을 직선으로 도려낸다.
3. 껍질을 깎는다.
4. 가로로 3등분한다.
5. 접시에 담는다.

손질하기 3

1. 4등분한다.
2. 씨 부분을 직선으로 도려낸다.
3. 길이로 2등분한다.
4. 원하는 모양으로 껍질에 칼집을 낸다.
5. 모양을 제외한 나머지 부분의 껍질을 벗겨낸다.
6. 접시에 담는다.

손질하기 4

1. 사과를 원하는 두께로 슬라이스한다.
2. 쿠키커터를 이용해 가운데 씨를 제거한다.

   TIP 아이들에게 낼 경우 동그란 쿠키커터 대신 귀여운 모양의 쿠키커터를 사용해도 좋다.

손질하기 5

1. 사과 속 제거기를 사과 가운데에 힘껏 찔러 넣는다.
2. 사과 속 제거기를 다시 꺼내어 씨를 뺀다.
3. 원하는 두께로 슬라이스한다.
4. 서로 다른 색의 사과를 겹쳐 접시에 담는다.

손질하기 6

1. 채널 나이프를 이용해 껍질에 모양을 낸다.
2. 길이로 8등분하고 씨를 도려낸다.
3. 접시에 담는다.

똑똑한 보관법

CASE 1 구입 후

:: 사과에서 나오는 에틸렌은 다른 과일을 금방 시들게 하기 때문에 다른 과일과 함께 보관하지 않는다.
:: 다른 과일과 함께 냉장고에 보관할 경우 위생봉투에 2~3개 정도씩 넣어 묶은 뒤 보관하고 먹기 전에 씻는다.

CASE 2 손질 후

:: 물에 씻은 사과는 물기를 완전히 제거하고 보관한다.
:: 자르거나 껍질을 벗긴 사과의 경우 갈변과 수분 증발을 막기 위해 랩으로 꽁꽁 싸서 보관하되 빠른 시간 안에 먹는다.

CASE 3 남은 재료

:: 얇게 슬라이스해서 양상추 등과 곁들여 샐러드에 넣거나 가늘게 채썰어 월남쌈 재료로 곁들여도 좋다. 깍둑썰어서 팬케이크 반죽에 넣어 구워 먹거나 여러 가지 디저트의 주재료로도 사용한다. 또한 주스로 갈아 마시거나 잘게 잘라 설탕을 넣고 졸여 잼으로 만들기도 하고 얇게 썰어 설탕에 재워 차를 담가 마시기도 한다.

useful information +

알칼리성식품으로 비타민C와 칼륨, 칼슘 등이 풍부하다. 비타민C는 피부미용에 좋아 사과미인이라는 말이 있고, 칼륨은 체내의 염분을 체외로 배출시키는 역할을 하는 동시에 고혈압 예방에 도움을 준다. 또한 섬유질이 많아 장운동을 도와 변비에도 효과적이다.

장보기 tip

제 철 7월초부터 8월말까지의 여름이 제철이다.

선택법 껍질이 매끄러우며 만졌을 때 살짝 단단한 것이 좋다. 지나치게 단단한 것은 덜 익어서 맛이 시고 물컹한 것은 물러지기 쉽다.

자두 plum

참 쉬운 이용법

씻기

:: 넉넉한 양의 물에 담가 손으로 가볍
게 문질러 껍질을 씻어준 뒤 흐르는
물에 헹군다.

TIP 물에 충분히 담갔다 씻는 것이
좋다.

손질하기 1

1. 가운데에 빙 둘러 칼집을 낸다.
2. 가볍게 비틀어 분리한다.
3. 씨를 뺀다.
4. 엎어 놓고 일정한 두께로 자른다.
5. 접시에 담는다.

손질하기 2

1. 가운데에 빙 둘러 칼집을 낸다.
2. 가볍게 비틀어 분리한다.
3. 씨를 뺀다.
4. 웨지모양으로 자른다.
5. 접시에 담는다.

손질하기 3

1. 가운데에 빙 둘러 칼집을 낸다.
2. 가볍게 비틀어 분리한다.
3. 씨를 뺀다.
4. 그릴 팬을 뜨겁게 달군 뒤 굽는다.
   TIP 기호에 따라 과육에 설탕을 묻혀 구워도 좋다.
5. 접시에 담는다.

똑똑한 보관법

CASE 1 구입 후

:: 자두도 사과와 마찬가지로 에틸렌을 발생시키므로 다른 과일이나 채소와 따로 보관하거나 위생봉투나 밀폐용기에 담아 보관한다.

CASE 2 남은 재료

:: 씨를 제거한 뒤 과육을 잘라 샐러드에 곁들이거나 설탕에 조려 잼을 만들면 좋다. 또한 타르트 등의 재료로도 쓰이며 푹 익은 자두는 과육을 갈아서 그 단맛으로 고기양념을 만들어 사용해도 좋다.

useful information

식이섬유가 풍부해 다이어트에 좋고 펙틴 함유량이 높아 변비에 효과적이다. 특히 칼륨이 풍부해 체내 노폐물을 체외로 배출시키고 에너지 대사를 높여주며 골다공증을 예방해준다. 또한 비타민A, C가 많아 피부미용에 좋다.

자두 활용법 하나.

자두효소

1. 자두를 깨끗하게 씻은 뒤 물기를 뺀다.
2. 씨를 제거하고 껍질은 그대로 둔 채 4등분한다.
3. 소독한 유리병에 같은 무게의 설탕과 자두 과육을 번갈아 골고루 넣고 절인다.

자두 활용법 둘.

자두잼

1. 자두를 깨끗하게 씻은 뒤 씨를 제거하고 껍질째 잘게 자른다.
2. 자두 무게의 30~50% 정도로 설탕을 붓고 졸인 뒤 레몬즙을 살짝 넣고 다시 걸쭉하게 졸인다.

자두 활용법 셋.

자두그라니타

1. 자두를 깨끗하게 씻어 씨를 제거하고 껍질째 잘게 자른다.
2. 약간의 사과주스와 함께 믹서에 갈아준 뒤 플라스틱 용기에 넣고 냉동실에 넣어 얼린다.
3. 1~2시간 후 살얼음이 낄 정도로 얼면 포크로 긁어내고 다시 얼린다.
4. 3의 과정을 2~3회 정도 반복한다.

   TIP 4의 과정을 반복하면 셔벗보다 입자가 거친 차가운 디저트가 완성되는데 이를 '그라니타'라고 한다.

용과 dragon fruit

참 쉬운 이용법

씻기

:: 껍질째 물에 담가두었다가 흔들어 씻
  은 뒤 흐르는 물에 헹군다.

손질하기 1

1. 길이로 2등분한다.
2. 길이로 다시 자른다.
3. 껍질을 벗긴 뒤 과육을 다시 껍질 위
   에 올린다.
4. 한입크기로 자른다.
5. 접시에 담는다.

손질하기 2

1. 길이로 4등분하여 껍질을 벗긴다.
2. 길이로 다시 3등분한다.
3. 접시에 담는다.

손질하기 3

1. 원하는 두께로 껍질째 슬라이스한다.
2. 껍질에 칼집을 낸다.
3. 껍질을 벗긴다.
4. 한입크기로 썬다.
5. 다른 종류의 과일과 겹쳐 낸다.

   TIP 수박, 키위 등과 함께 곁들이기
   좋다.

손질하기 4

1. 껍질째 반을 자른다.
2. 볼러를 이용해 과육을 떠낸다.
3. 작은 볼에 담거나 꼬치에 끼워 낸다.

똑똑한 보관법

CASE 1 구입 후

:: 비닐봉투에 담아 냉장고에 보관한다.

CASE 2 손질 후

:: 껍질을 벗겨 과육만 보관할 경우 밀폐용기에 담아 보관하며 과육이 쉽게 물러지므로 빠른 시일 내에 먹어야 한다.

CASE 3 남은 재료

:: 용과를 썰어서 샐러드에 곁들이거나 화채에 넣어 먹는다. 꿀을 섞어 우유와 함께 갈아 마시거나 요구르트를 섞어서 주스로 즐겨도 좋다. 또한 갈아서 젤리로 만들거나 디저트 만들 때 사용하기도 한다.

---

useful information

용이 여의주를 물고 있는 모양을 닮았다 하여 붙여진 이름의 선인장 과일이다. 중금속 해독 작용이 뛰어나며 칼륨, 비타민, 각종 미네랄이 풍부하다. 항산화 물질을 풍부하게 함유하고 있어 노화 방지와 다이어트에 효과적이다.

🛒 장보기 tip

제 철 열대과일로 껍질은 붉은빛
에 털이 나 있고 과육은 흰색으로
과즙이 많으며 달고 신맛이 난다.
우리나라에서는 재배되지 않으며
냉동상태로 수입된다.
선택법 우리나라에서는 냉동상태
로 구입하게 되므로 유통기한 및
배송과정에서 너무 녹지 않았는지
를 확인해야 한다.

람부탄 rambutan

참 쉬운 이용법

씻기

:: 넉넉한 양의 물에 충분히 담갔다가
   흔들어 씻은 뒤 흐르는 물에 헹군다.

손질하기

1. 가운데에 빙 둘러 칼집을 낸다.
2. 껍질을 반만 벗긴다.
3. 접시에 담는다.

똑똑한 보관법

CASE 1 구입 후

:: 냉동실에 보관한다.

CASE 2 남은 재료

:: 먹기 전에 녹이는데 완전히 해동시켜
   먹기도 하지만 살짝 녹여 먹으면 아
   이스크림처럼 시원한 맛이 나 청량감
   이 좋다.

---

useful information ✚

지방이나 단백질 함량이 적고 비타민C와 수
분 함량이 높아 다이어트와 피부미용에 도움
이 된다. 또한 철분 함량이 높아 쉽게 지치거
나 어지럼증이 있는 사람들에게 좋다.

장보기 tip

제 철 국내산은 5～9월에 제주도
에서 생산되며 수입산은 1년 내내
구할 수 있다.

선택법 초록색이 도는 것은 덜 익
은 것이고 전체적으로 빨갛고 노란
빛이 퍼져 있는 것이 좋다. 가볍게
눌렀을 때 말랑말랑한 것이 좋은데
너무 단단한 것은 덜 익어서 많이
시다. 망고는 후숙형 과일이므로 덜
익은 것은 실온에서 2～3일 정도
두어 익혀 먹는다.

망고 mango

참 쉬운 이용법

씻기

:: 물에 담가 표면을 깨끗이 문질러 씻
은 뒤 흐르는 물에 헹군다.

손질하기 1

1. 씨에 가까이 기대어 양쪽으로 과육을
   자른다.
2. 과육에 바둑판 모양으로 껍질 안쪽까
   지 칼집을 낸다.
3. 칼집 반대방향으로 뒤집는다.
4. 접시에 담는다.

손질하기 2

1. 씨에 가까이 기대어 양쪽으로 과육을
   자른다.
2. 껍질을 깎는다.
3. 엎어 놓고 도톰하게 자른다.
4. 접시에 담는다.

손질하기 3

1. 씨에 가까이 기대어 양쪽으로 과육을 자른다.
2. 엎어 놓고 2cm 정도로 두께감 있게 자른다.
3. 껍질의 2/3 정도만 칼집을 낸다.
4. 껍질을 비스듬히 잘라 모양을 낸다.
5. 접시에 담는다.

손질하기 4

1. 씨에 가까이 기대어 양쪽으로 과육을 자른다.
2. 껍질을 깎는다.
3. 엎어 놓고 얇게 어슷썬다.
4. 접시에 담는다.

똑똑한 보관법

CASE 1 구입 후

:: 덜 익은 망고는 실온에 보관하며 충
분히 익은 망고는 비닐봉투에 담아
냉장고에 보관한다.

:: 망고는 과육이 부드러워 부딪히면 표
면에 쉽게 멍이 들 수 있으니 넉넉한
공간에서 보관한다.

CASE 2 손질 후

:: 과육을 크게 잘라 씨를 발라내고 껍
질을 벗기지 않은 채로 과육끼리 닿
도록 두 조각씩 포개어 랩으로 싸서
냉장보관하면 2~3일간 편하게 먹을
수 있다.

CASE 3 남은 재료

:: 갈아서 주스로 마시거나 샐러드 등에
곁들여 먹는다.

:: 많은 양이 남아서 상하기 전에 먹기
어려울 경우 과육만 발라내고 잘게 자
른 뒤 밀봉하여 냉동실에 보관한다.

TIP 얼려둔 과육은 사과주스와 함께
갈아서 스무디를 만들거나 플레인 요
거트에 곁들여 먹는다.

useful information

항산화 역할을 하는 베타카로틴을 포함한 황
색 카로티노이드가 다량 함유되어 암, 고혈압,
동맥경화 등의 예방에 효과가 있으며, 비타민
A, C가 많아 피부미용과 눈 건강에 좋다. 하지
만 당분이 높은 편이므로 다이어트 중에는 과
잉섭취를 피하는 것이 좋다.

🧺 장보기 tip
제 철 6월부터 나기 시작하는데 7
월부터 8월말 사이에 단맛이 풍성
하고 좋다.
선택법 과실이 큼직하고 무르거나
파인 상처가 없는 것을 고른다.

복숭아 peach

참 쉬운 이용법

씻기

:: 물에 담가 가볍게 손으로 문질러 표면의 잔털을 제거한 뒤 흐르는 물에 헹군다.

TIP 복숭아는 껍질째 먹어도 좋은 과일이지만 껍질의 식감이 거슬리거나 농약 잔유물 등이 우려된다면 껍질을 벗겨서 먹는다.

손질하기 1

1. 씨까지 닿도록 칼을 넣고 빙 둘러 칼집을 낸다.
2. 양쪽을 잡고 비틀어 분리한다.
3. 씨를 빼고 웨지모양으로 자른다.
4. 접시에 담는다.

손질하기 2

1. 씨에 가까이 기대어 양쪽으로 과육을 자른다.
2. 엎어 놓고 도톰하게 자른다.
3. 접시에 담는다.

손질하기 3

1. 씨에 가까이 기대어 양쪽으로 과육을 자른다.
2. 엎어 놓고 가로, 세로로 3번씩 자른다.
3. 접시에 담는다.

똑똑한 보관법

CASE 1 구입 후

:: 껍질이 얇고 과육이 물렁하여 무르기 쉬우므로 밀폐용기에 담아 냉장고에 보관한다.

CASE 2 손질 후

:: 먹기 직전에 씻는 것이 좋으나 이미 씻었다면 물기를 제거하여 밀폐용기에 담는다.

:: 자르거나 껍질을 벗긴 것은 레몬즙을 살짝 뿌려두면 갈변을 막을 수 있다.

CASE 3 남은 재료

:: 남은 복숭아는 과육만 썰어서 밀봉하여 냉동실에 보관했다가 주스로 갈아 마시면 좋다. 설탕에 조려 잼을 만들거나 디저트를 만들 때 사용한다.

---

useful information   +

수분 함량이 높고 펙틴과 식물성 섬유질이 많아서 다이어트에 좋으며 변비에 효과적이다. 탄닌이 풍부해 피부 트러블을 예방해주고 활성산소의 생성을 억제시켜 노화 방지에도 좋아 동안피부를 가꾸는 데 도움을 준다. 또한 체내 니코틴을 배출시키는 효능이 있어 흡연자들에게 좋다.

+Recipe

복숭아로 만드는…
벨리니

재료(2잔 분량)

잘 익은 복숭아 1개,
프로세코 300ml,
(이탈리안 스파클링 와인 품종)
레몬즙 1큰술,
시럽 2큰술, 얼음,
타임줄기 2개

만들기

1. 과즙이 줄줄 흐를 정도로 잘 익은 복숭아의 껍질을
   벗긴 뒤 과육을 으깬다.
2. 1의 과육과 과즙에 레몬즙과 시럽을 섞는다.
3. 투명 텀블러에 2를 1/3 정도 붓고 얼음을 1/3 채운 뒤
   시원한 프로세코와 타임줄기를 하나씩 넣는다.

TIP 1 프로세코 와인이 없을 경우 다른 종류의 스파클링 와인을
사용한다. 단, 와인 자체의 맛이 너무 단 경우에는 시럽을 생략한다.

TIP 2 타임이 없다면 생략해도 좋고 애플민트로 대체가 가능하다.

장보기 tip

제 철 수입과일로 제철이 따로 있지 않아 1년 내내 구입이 가능하다. **선택법** 단단하고 향이 좋으며 표면에 상처가 없이 매끈하고 무게가 있는 것이 좋다.

레몬 lemon

참 쉬운 이용법

씻기

:: 물에 담가 껍질을 잘 문질러 닦은 뒤
흐르는 물에 헹군다.

TIP 수입과일의 경우 상하는 것을 방
지하기 위해 왁스 코팅하여 유통시키
므로 꼼꼼히 씻는다.

손질하기 1

1. 길이로 반을 자른다.
2. 2등분 또는 3등분하여 웨지모양으로
   자른다.
3. 가운데의 섬유질을 잘라낸다.
4. 씨를 뺀다.
5. 그릇에 담는다.

손질하기 2

1. 길이로 반을 자른다.
2. 2등분 또는 3등분하여 웨지모양으로
   자른다.
3. 가운데의 섬유질을 잘라낸다.
4. 3/4 정도까지 과육과 껍질 사이에 칼
   집을 낸다.
5. 음료 잔에 장식한다.

손질하기 3

1. 한쪽 끝을 잘라낸다.
2. 얇은 두께로 4/5 정도 깊이까지 칼집을 낸다.
3. 같은 두께로 끝까지 자른다.
4. 칼집이 없는 1/5 부분 쪽의 가운데에 중심을 향해 칼집을 낸다.
5. 비틀어 꼬아 모양을 낸다.
6. 접시에 담는다.

손질하기 4

1. 양쪽 끝을 과육이 보이도록 잘라낸다.
2. 세로로 놓고 껍질을 자른다.
3. 과육이 나눠지는 부분에 칼집을 내어 발라낸다.
4. 접시에 담는다.

   TIP 과육은 모양 그대로 쓰거나 필요에 따라 다져서 쓰고 발라낸 부분은 꽉 짜서 즙을 낸다.

손질하기 5

1. 채널 나이프로 1.5cm 정도 간격으로 껍질에 모양을 낸다.
2. 얇게 슬라이스한다.
3. 원하는 모양으로 잘라 담는다.

   TIP 음료나 요리 등에 장식으로 사용한다.

손질하기 6

1. 반으로 자른다.
2. 거즈로 싼 뒤 묶는다.

   TIP 거즈로 싸면 즙을 짤 때 씨가 함께 나오는 것을 방지할 수 있다.

똑똑한 보관법

CASE 1 구입 후

:: 씻은 뒤 물기를 제거하고 비닐봉투에 담아 냉장고에 보관한다.

CASE 2 손질 후

:: 잘라서 썼을 경우 절단면이 마르지 않도록 랩으로 싸서 냉장고에 보관한다.

CASE 3 남은 재료

:: 껍질째 깨끗이 씻어서 슬라이스한 뒤 설탕에 켜켜이 재워 담았다가 탄산수나 물에 섞어서 시원하게 마시면 좋다.

:: 즙을 짜내 얼음틀에 넣어 얼린 뒤 밀폐용기에 담아 냉동보관하면 레몬즙이 필요할 때 편리하게 하나씩 녹여 쓸 수 있다.

useful information ✚

비타민C가 많아 감기 예방과 면역력 강화에 효과가 있으며 피부미용에도 좋다. 또한 풍부한 구연산은 노폐물을 제거하여 피로회복에 효과적이며, 구연산의 신맛이 식욕을 증진시키는 효능이 있어 입맛 없는 사람들의 식욕을 돋워준다.

장보기 tip

제 철 수입과일로 제철이 따로 있지 않고 1년 내내 구입이 가능하며, 속이 노란빛이나 붉은빛을 띤다. **선택법** 단단하고 향이 좋으며 표면에 상처가 없이 매끈하고 무게가 있는 것이 좋다.

자몽 grapefruit

참 쉬운 이용법

씻기

:: 물에 담가 껍질을 잘 문질러 닦은 뒤
흐르는 물에 헹군다.

손질하기 1

1. 양쪽 끝을 조금씩 잘라낸다.
2. 반으로 자른다.
3. 과육이 나눠지는 부분에 칼집을 낸다.
4. 껍질에 닿는 부분도 칼집을 낸다.
5. 접시에 담고 꿀을 뿌린다.

   TIP 티스푼이나 자몽용 스푼을 함께
   내 떠먹을 수 있게 한다.

손질하기 2

1. 양쪽 끝을 과육이 보이도록 잘라낸다.
2. 세로로 놓고 껍질을 자른다.
3. 과육이 나눠지는 부분에 칼집을 내어
   발라낸다.
4. 접시에 담는다.

똑똑한 보관법

CASE 1 구입 후

∷ 씻은 뒤 물기를 제거하고 비닐봉투에 담아 냉장고에 보관한다.

CASE 2 손질 후

∷ 반으로 잘라서 썼을 경우 절단면이 마르지 않도록 랩으로 싸서 냉장고에 보관한다.

CASE 3 남은 재료

∷ 껍질째 깨끗이 씻어서 슬라이스한 후 설탕에 켜켜이 재워 담았다가 탄산수나 물에 섞어서 시원하게 마시면 좋다. 즙을 내어 에이드를 만들면 상큼한 맛을 음미할 수 있고 젤리를 만들 수도 있다. 과육은 샐러드에 곁들이고 즙은 샐러드드레싱에 이용한다.

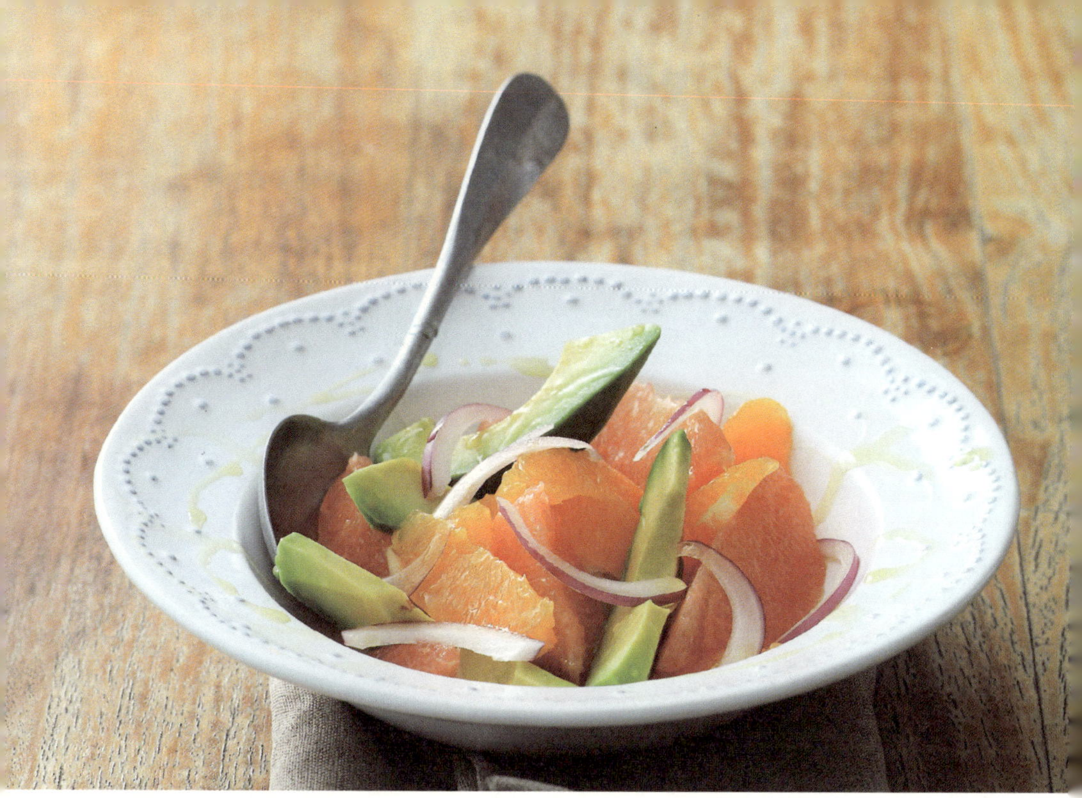

자몽으로 만드는…

자몽 오렌지 아보카도 샐러드

재료

자몽 1개, 오렌지 1개,
아보카도 1/2개, 적양파 1/4개

드레싱재료

자몽즙, 오렌지즙,
소금 1/3작은술, 후추 약간,
엑스트라 버진 올리브오일 1큰술

만들기

1. 자몽과 오렌지의 껍질을 벗겨 과육만 발라낸다('손질
   하기 2' 참고).
2. 남은 자몽과 오렌지 속을 손으로 꼭 짜서 즙을 내고,
   그 즙에 소금, 후추, 엑스트라 버진 올리브오일을 섞
   어 드레싱을 만든다.
3. 적양파를 채썬 뒤 찬물에 담가 매운맛을 빼고 체에
   받쳐 물기를 뺀다.
4. 아보카도의 껍질을 벗겨 슬라이스한 뒤 자몽, 오렌
   지, 적양파와 함께 드레싱에 버무려 접시에 담는다.

🛒 장보기 tip

제　철 가을과일로 9~11월이 제철
이다.
선택법 껍질에 상처가 없고 모양이
고르며 묵직한 것이 좋다.

배 pear

참 쉬운 이용법

씻기

:: 넉넉한 양의 물에 담가 손으로 문질러
껍질을 씻은 뒤 흐르는 물에 헹군다.
TIP 껍질과 과육이 단단한 과일이므
로 물에 충분히 담갔다 씻어도 영양
손실이 거의 없다.

손질하기 1

1. 4등분한다.
2. 씨 부분에 V자모양으로 칼집을 내어
   도려낸다.
3. 껍질을 깎는다.
4. 길이로 2등분한다.
5. 접시에 담는다.

손질하기 2

1. 4등분한다.
2. 씨 부분을 직선으로 도려낸다.
3. 껍질을 깎는다.
4. 한입크기로 자른다.
5. 접시에 담는다.

손질하기 3

1. 원하는 두께로 슬라이스한다.
2. 쿠키커터를 이용해 씨를 제거한다.
   TIP 아이들에게 낼 때에는 여러 가지
   모양의 쿠키커터를 사용하면 좋다.
3. 반으로 자른다.
4. 껍질을 깎는다.
5. 접시에 담는다.

똑똑한 보관법

CASE 1 구입 후

:: 한 개씩 신문지로 싸서 비닐봉투에 담
아 냉장고에 보관하면 신문지가 배의
수분을 조절하여 습도가 유지된다.

CASE 2 손질 후

:: 먹기 직전에 씻는 게 좋으며 바로 먹
지 않을 경우 레몬즙이나 설탕물을 뿌
리면 갈변을 막을 수 있다.

:: 먹다 남은 것을 냉장고에 보관하려면
랩으로 꽁꽁 싸서 밀폐용기에 담아 공
기의 접촉을 차단해야 갈변을 늦출 수
있다.

CASE 3 남은 재료

:: 과육을 잘게 썰고 설탕을 넣고 조려
잼을 만들거나, 설탕에 절여 차를 만
들기도 한다. 또한 배즙에는 연육성
분이 있어 갈아서 고기양념으로 사용
하기도 한다.

useful information ✚

칼로리가 낮고 과육이 단단해 포만감이 커서
다이어트에 좋다. 사과에 비하여 비타민C는
적으나 나트륨, 칼륨, 칼슘, 마그네슘 등의 함
량이 높은 강알칼리성으로 배를 많이 먹으면
혈액이 중성으로 유지되어 건강에 좋다.

🛒 장보기 tip

제 철 여름과일로 6~8월이 제철
이다.
선택법 노란빛이 선명하고 껍질과
꼭지가 싱싱한 것이 좋다. 향기가
너무 진하지 않고 은은하게 달콤하
며 만졌을 때 단단한 것을 고른다.

참외 oriental melon

참 쉬운 이용법

씻기

:: 물에 담가 표면을 깨끗이 문질러 씻은
  뒤 흐르는 물에 헹군다.

손질하기 1

1. 양쪽 끝을 잘라낸다.
2. 껍질을 깎는다.
3. 길이로 반을 자른다.
4. 길쭉하게 웨지모양으로 자른다.
   TIP 기호에 따라 씨를 제거한다.
5. 접시에 담는다.

손질하기 2

1. 양쪽 끝을 잘라낸다.
2. 껍질을 깎는다.
3. 길이로 반을 자른다.
4. 적당한 두께로 자른다.
5. 접시에 담는다.

손질하기 3

1. 양쪽 끝을 잘라낸다.
2. 껍질을 깎는다.
3. 1.5cm 정도 두께로 자른다.
4. 씨를 제거한다.
5. 접시에 링 모양으로 층층이 쌓거나 반
   으로 잘라 나란히 세워 담는다.

똑똑한 보관법

CASE 1 구입 후

:: 씻은 뒤 비닐봉투에 담아 냉장고에 보관한다.

CASE 2 손질 후

:: 씨 부분이 쉽게 상하므로 먹기 직전에 자르는 것이 좋다.

:: 먹다 남은 경우 씨를 발라내고 랩으로 싸서 밀폐용기에 담아 냉장고에 보관한다.

CASE 3 남은 재료

:: 갈아서 주스로 마시거나 샐러드 등에 곁들여 먹는다. 채썰어 비빔국수 등에 넣어 먹어도 맛있다.

useful information ✚

대부분이 물로 이루어져 열량이 낮은 편이며 다른 과일에 비해 영양가가 많지는 않다. 하지만 비타민C 함량이 높고 칼륨이 많아서 수박과 같은 이뇨작용을 한다. 참외 씨는 특별한 영양가가 없으며 먹어도 소화가 되지 않고 체외로 배설되므로 굳이 섭취하지 않아도 된다.

🧺 **장보기 tip**

제 철 국산 바나나가 있기는 하지
만 가격이 비싸고 흔하지 않다. 대
부분은 수입산 바나나로 1년 내내
구입할 수 있다.
선택법 초록빛이 도는 것은 덜 익
은 것이므로 1~2일 정도 실온에
두어 익혀서 먹는다. 노란색에 약
간의 갈색 반점이 도는 것이 가장
달다.

바나나 banana

참 쉬운 이용법

씻기

:: 특별히 세척할 필요 없이 껍질을 벗겨 먹는다.

TIP 세척을 원할 경우 물에 담가 껍질을 문질러 씻은 뒤 흐르는 물에 헹군다. 농약성분에 민감한 어린이나 노약자의 경우 씻어서 먹으면 안전하다.

손질하기 1

1. 양쪽 끝을 잘라낸다.
2. 껍질을 1/4 정도만 남기고 벗긴다.
3. 한입크기로 자른다.
4. 접시에 담는다.

손질하기 2

1. 껍질을 벗긴다.
2. 3등분 또는 4등분으로 한쪽씩 번갈아 어슷썬다.
3. 접시에 담는다.

TIP 기호에 따라 다른 과일을 함께 곁들여 꼬치에 끼워도 좋다.

손질하기 3

1. 양끝을 잘라낸다.
2. 3등분한다.
3. 길이로 반을 자른다.
4. 접시에 담는다.

손질하기 4

1. 양끝을 잘라낸다.
2. 3등분한다.
3. 길이로 반을 자른다.
4. 껍질을 벗긴다.
5. 설탕을 뿌린다.
6. 토치로 노릇하게 굽는다.
7. 접시에 담는다.

똑똑한 보관법

CASE 1 구입 후

:: 상온에 보관하며 3일 정도만 지나도 검게 변하기 시작하므로 1~2일분을 구입해 바로 먹는 것이 좋다.

:: 과육이 약해 쉽게 물러지므로 눕혀놓는 것보다는 바나나걸이에 걸어두는 게 싱싱함을 더 오래 유지시킨다.

CASE 2 남은 재료

:: 우유와 섞어 갈아 마시거나, 설탕과 초콜릿을 넣고 조려서 바나나잼을 만들거나, 건조기에 말려 바나나칩으로 만들기도 한다. 또한 잘게 잘라 밀봉하여 냉동실에 얼려두었다가 우유와 아이스크림을 함께 갈아 스무디로 먹어도 좋고, 바나나 통째로 나무젓가락을 끼워서 그대로 얼리면 아이스크림처럼 먹을 수 있다.

useful information

칼륨과 식이섬유가 많고 열량과 나트륨 함량이 낮은 반면 포만감이 매우 높아 다이어트식으로 사랑받는다. 변비 예방, 동맥경화 및 고혈압 예방에도 효과가 있다.

+Recipe

바나나로 만드는…
바나나 꼬치

재료

바나나 2개, 땅콩버터 2큰술, 초콜릿잼 2큰술, 블루베리 8알,
애플민트잎 8장

만들기

1. 바나나를 1.5cm 정도 두께로 자른다.
2. 바나나에 초콜릿잼을 바르고 바나나를 얹은 다음 그 위에 땅
   콩버터를 바른다.
3. 꼬치에 애플민트잎을 접어서 끼운 뒤 블루베리와 바나나를
   차례로 꽂아 고정시킨다.

TIP 블루베리 대신 딸기 또는 마시멜로 등을 곁들여도 좋다.

🧺 장보기 tip

제 철 수입과일로 1년 내내 쉽게 구할 수 있다.
선택법 밑둥이 둥그렇고 향을 맡았을 때 은은한 단맛이 감도는 것이 좋다. 수확 후에는 당도가 올라가지 않으므로 먹기 좋게 익은 것을 고른다.

파인애플 pineapple

참 쉬운 이용법

씻기

:: 파인애플은 특별히 세척할 필요 없이
껍질을 두껍게 잘라내어 먹으면 된다.
TIP 세척을 원할 경우 잎을 떼어내고
과실 덩어리째 물에 담가 문질러 씻
은 뒤 흐르는 물에 헹군다.

손질하기 1

1. 밑동과 윗부분을 잘라낸다.
2. 세로로 놓고 껍질을 잘라낸다.
3. 움푹 패인 부분을 따라 V자모양으로
   칼집을 넣어 잘라낸다.
4. 세워서 반으로 자른다.
5. 엎어 놓고 반으로 자른다.
6. 안쪽의 단단한 심을 잘라낸다.
7. 길이로 반을 자른다.
8. 한입크기로 자른다.
9. 접시에 담는다.

손질하기 2

1. 밑동과 윗부분을 잘라낸다.
2. 세로로 놓고 껍질을 잘라낸다.
3. 움푹 패인 부분을 따라 V자모양으로 칼집을 넣어 잘라낸다.
4. 세워서 반으로 자른다.
5. 엎어 놓고 반으로 자른다.
6. 안쪽의 단단한 심을 잘라낸다.
7. 길이로 반을 자른다.
8. 나무 막대에 끼워 낸다.

손질하기 3

1. 밑동과 윗부분을 잘라낸다.
2. 세로로 놓고 껍질을 잘라낸다.
3. 움푹 패인 부분을 따라 V자모양으로 칼집을 넣어 잘라낸다.
4. 세워서 반으로 자른다.
5. 엎어 높고 얇게 슬라이스한다.
6. 접시에 담는다.

손질하기 4

1. 밑동과 윗부분을 잘라낸다.
2. 세로로 놓고 껍질을 잘라낸다.
3. 1cm 정도 두께로 슬라이스한다.
4. 쿠키커터로 가운데 심을 빼낸다.
5. 접시에 담는다.

손질하기 5

1. 밑동과 윗부분을 잘라낸다.
2. 세로로 놓고 껍질을 잘라낸다.
3. 1cm 정도 두께로 슬라이스한다.
4. 쿠키커터로 가운데 심을 빼낸다.
5. 겹쳐 쌓은 뒤 4등분한다.
6. 접시에 담는다.

똑똑한 보관법

CASE 1 구입 후

:: 껍질을 벗기지 않은 파인애플은 잎사
귀를 떼어낸 뒤 밑동이 위로 오도록
뒤집어서 상온에 보관한다. 이는 색
깔이 노란빛을 띠는 밑동에 파인애플
의 단맛이 모여 있는데 그 단맛이 고
루 퍼지게 하기 위해서다.

CASE 2 손질 후

:: 껍질을 벗긴 뒤 과육을 큼직하게 썰
어 밀폐용기에 담아두었다가 먹기 전
에 알맞은 크기로 자른다.

CASE 3 남은 재료

:: 갈아서 주스로 마시거나 과육을 잘라
서 밀봉하여 냉동실에서 얼렸다가 사
용한다. 또한 연육효과가 있으므로
고기요리의 양념으로 사용해도 좋다.

useful information ✚

식물성 섬유질을 다량 포함하고 있어 변비에
좋다. 단백질 분해효소인 브로멜린이 들어 있
어 육류를 섭취할 때 함께 먹으면 단백질 분
해속도를 촉진시켜 소화에 부담을 덜어주고,
장내의 노폐물을 분해하여 소화기 장애를 개
선해준다. 또한 신맛을 내는 구연산은 피로회
복과 식욕증진에 도움을 준다.

+Recipe

파인애플로 만드는…
파인애플 살사

재료

파인애플 1/4개, 양파 1/4개, 청양고추 1개, 실란트로 3줄기,
레몬즙 1큰술, 소금 1/3작은술, 후추 약간

만들기

1. 파인애플과 양파를 잘게 썬다.
2. 청양고추와 실란트로를 잘게 다진다.
3. 1, 2의 재료에 레몬즙과 소금, 후추를 넣어 간한다.

TIP 파인애플 살사는 모차렐라를 뿌려 구운 토르티야에 곁들이면 좋다.

장보기 tip

제 철 대부분 수입산으로 철에 상
관없이 구입할 수 있다.
선택법 묵직하고 껍질이 매끈한 것
이 좋다. 껍질이 얇은 것이 더 맛있
지만 껍질이 얇으면 약해서 유통
시 쉽게 상하기 때문에 수입 오렌
지는 대부분 껍질이 두껍다.

오렌지 orange

참 쉬운 이용법

씻기

:: 물에 담가 껍질을 잘 문질러 닦은 뒤 흐르는 물에 헹군다.

TIP 다른 수입과일과 마찬가지로 오렌지도 쉽게 상하는 것을 방지하기 위해 왁스 코팅되어 유통되므로 꼼꼼히 씻어야 한다.

손질하기 1

1. 양쪽 끝부분을 과육이 보이도록 잘라낸다.
2. 세로로 놓고 껍질을 자른다.
3. 과육이 나눠지는 부분에 칼집을 내어 발라낸다.
4. 접시에 담는다.

손질하기 2

1. 껍질에 빙 둘러가며 채널 나이프로 모양을 낸다.
2. 8등분한다.
3. 가운데의 섬유질을 잘라낸다.
4. 껍질의 1/4만 남기고 칼집을 낸다.
5. 접시에 담는다.

손질하기 3

1. 양쪽 끝부분을 과육이 보이도록 잘라 낸다.
2. 세로로 놓고 껍질을 자른다.
3. 길이로 4등분한다.
4. 가운데 섬유질을 잘라낸다.
5. 반으로 다시 자른다.
6. 접시에 담는다.

똑똑한 보관법

CASE 1 구입 후

:: 오렌지를 깨끗하게 씻은 뒤 물기를 제거하고 비닐봉투에 담아 냉장고에 보관한다.

CASE 2 손질 후

:: 2~3일 내에 먹을 경우 껍질을 벗겨 손으로 알알이 떼어 밀폐용기에 담아 두면 잘라서 보관하는 것보다 쉽게 무르지 않는다.

:: 용기 깊이가 깊으면 껍질만 벗겨서 동그란 모양 그대로 랩으로 싸서 넣어두었다가 먹을 때 떼어 먹는다.

CASE 3 남은 재료

:: 껍질째 깨끗이 씻어서 슬라이스한 뒤 설탕에 켜켜이 재워 담았다가 탄산수나 물에 섞어서 시원하게 마시면 좋다. 설탕에 졸여 잼을 만들기도 하고, 과육만 발라내 졸여서 디저트나 요리 등에 곁들인다.

useful information ✚

비타민A와 C, 섬유질이 풍부하여 피부미용과 면역력 증강에 좋고 피로회복에 탁월한 효과가 있다. 또한 콜레스테롤이나 지방이 전혀 없어 성인병에 좋고 다량의 섬유질이 있어 변비에 좋으며 엽산이 풍부해 빈혈에도 좋다. 단, 칼로리는 낮지만 당 함량이 높으므로 다이어트 중이라면 과잉섭취하지 않는다.

🧺 장보기 tip

제 철 겨울과일로 가을이 시작되
는 9월부터 12월말까지가 제철이다.
선택법 껍질이 두껍지 않고 과육에
밀착되어 있으며 만졌을 때 단단하
며 묵직한 것이 좋다.

귤 tangerine

참 쉬운 이용법

씻기

:: 물에 담가 껍질을 문질러 씻은 뒤 흐르는 물에 헹군다.

TIP 귤은 씻지 않고 그대로 껍질을 벗겨 먹는 경우가 많은데, 농약성분에 민감한 어린이나 노약자에게는 씻어서 내는 것이 좋다.

손질하기 1

1. 껍질을 벗긴다.
2. 알알이 떼어 담아 낸다.

손질하기 2

1. 얇게 슬라이스한다.
2. 접시에 담는다.

똑똑한 보관법

CASE 1 구입 후

:: 귤을 씻은 뒤 물기를 제거하고 비닐
봉투에 담아 밀봉하여 냉장고에 보관
한다.

TIP 너무 많은 양을 넣거나 무거운
과일을 함께 넣으면 물러지기 쉬우므
로 주의한다.

CASE 2 남은 재료

:: 껍질째 슬라이스하여 설탕에 켜켜이
재워 절이거나, 껍질을 벗겨서 말린
뒤 차로 마시면 좋다.

useful information ✚

알칼리성 과일로 비타민C가 많아 감기 예방
에 좋고, 신진대사를 촉진시켜 노폐물을 빨리
배출시키는 역할을 하여 피로회복에 효과적
이다. 또한 껍질에 영양가가 많아 한방에서는
약재로도 쓰이고 있다.

귤 활용법 하나.

귤차

1. 귤의 껍질을 깨끗이 씻어 물기를 없앤 뒤 껍질째 얇게 자른다.
2. 귤의 무게와 같은 양의 설탕과 함께 번갈아가며 소독한 유리병에 담는다.

   TIP 말린 오미자도 넣어 절이면 오미자귤차가 완성된다.

귤 활용법 둘.

귤잼

1. 껍질을 벗긴 귤을 잘게 썰거나 믹서에 간다.
2. 기호에 따라 설탕의 양을 귤 무게의 30~50% 정도로 넣고 걸쭉하게 졸인다.

🧺 장보기 tip

제 철 7월에 나는 과일로 부드러운 육질을 가지고 있으며 은은한 단맛과 약한 신맛이 난다.
선택법 껍질이 상하거나 멍들지 않고 너무 단단한 것보다는 약간 물렁한 느낌이 드는 것이 잘 익어서 달고 맛있다.

살구 apricot

참 쉬운 이용법

씻기

:: 물에 담가 껍질을 가볍게 문질러 씻
은 뒤 흐르는 물에 헹군다.

손질하기 1

1. 가운데에 빙 둘러 칼집을 낸다.
2. 가볍게 비틀어 분리한 뒤 씨를 뺀다.
3. 웨지모양으로 자른다.

손질하기 2

1. 가운데에 빙 둘러 칼집을 낸다.
2. 가볍게 비틀어 분리한 뒤 씨를 뺀다.
3. 일정한 두께로 자른다.
4. 여러 가지 모양으로 자른 살구를 접
시에 담아 낸다.

똑똑한 보관법

CASE 1 구입 후

:: 비닐봉투에 담아 밀봉하여 냉장고에 보관한다.

TIP 물러지기 쉬우므로 한꺼번에 너무 많은 양을 담지 않는다.

CASE 2 남은 재료

:: 설탕에 조려 잼을 만들거나, 씨를 빼고 과육과 설탕을 켜켜이 담아 효소를 만들어도 좋다.

TIP 씨째로 만들기도 하는데 씨에는 약하긴 하지만 독성이 있는 것으로 알려져 있으므로 씨를 제거하는 것이 안전하다.

살구 활용법 하나.

살구콤포트
1. 살구를 깨끗이 씻어 물기를 제거한 다음 반으로 갈라 씨를 뺀다.
2. 기호에 따라 물과 설탕의 비율을 2:1 또는 3:1 정도로 조절하여 끓여서 시럽을 만든 뒤 잠시 식힌다.
3. 소독한 유리병에 살구의 절단면이 아래로 가도록 차곡차곡 담고 시럽을 부어준 뒤 냉장고에 보관한다.
   TIP 바닐라빈이 있으면 함께 넣어도 좋다.

살구 활용법 둘.

살구효소
1. 살구를 깨끗이 씻어 물기를 제거한 다음 반으로 갈라 씨를 빼고 한 번 더 자른다.
2. 살구와 같은 무게의 양만큼 설탕을 준비한다.
3. 소독한 유리병에 살구와 설탕을 번갈아가며 고루 담고 맨 윗부분에는 공기가 닿지 않도록 설탕으로 덮는다.
   TIP 효소를 만들 때에는 완벽하게 밀봉하지 않고 살짝 공기가 통하도록 하는 것이 좋다. 초기에는 이틀에 한 번씩 섞어주며 설탕과 살구가 잘 섞이게 한다. 이렇게 만든 효소는 약 3개월 후부터 먹을 수 있다.

장보기 tip

제 철 5월말부터 10월까지 나기는
하지만 7~8월의 한여름이 가장 달
고 맛있다.
선택법 수박은 꼭지가 싱싱해야 수
확한 지 얼마 되지 않은 것이다. 모
양이 반듯하게 둥그렇고 표면의 무
늬가 선명한 것이 맛있으며, 가볍
게 두드렸을 때 속이 꽉 찬 소리가
들려야 잘 익은 것이다.

수박 watermelon

참 쉬운 이용법

씻기

:: 흐르는 물에 2~3회 정도 씻은 뒤 냉
장고에 보관한다.

TIP 실온에 두는 것이 더욱 영양가가
높다는 연구결과가 있지만 수박의 시
원한 청량감을 즐기는 우리나라 사람
들의 입맛에는 냉장고에 시원하게 보
관하는 것이 더 좋다.

손질하기 1

1. 반으로 자른다.
2. 4등분한다.
3. 반을 다시 자른다.
4. 2cm 정도 두께로 자른다.
5. 손잡이 모양만 남기고 나머지 껍질을
   잘라낸다.
6. 접시에 담는다.

손질하기 2

1. 반으로 자른다.
2. 4등분한다.
3. 반을 다시 자른다.
4. 삼각뿔 모양으로 썬다.
5. 접시에 담는다.

    TIP 세워서 담기 좋은 모양이다.

손질하기 3

1. 반으로 자른다.
2. 4등분한다.
3. 2cm 정도 두께로 자른다.
4. 2cm 정도 너비로 길쭉하게 자른다.
5. 접시에 담는다.

손질하기 4

1. 반으로 자른다.
2. 4등분한다.
3. 2cm 정도 두께로 자른다.
4. 2cm 정도 너비로 길쭉하게 자른다.
5. 사방 2cm 정도로 깍둑썬다.
6. 접시에 담는다.

손질하기 5

1. 반으로 자른다.
2. 4등분한다.
3. 볼러를 이용해 동그랗게 떠낸다.
4. 작은 볼에 담거나 꼬치에 끼운다.

똑똑한 보관법

CASE 1 구입 후

:: 통째로 냉장고에 넣는다.

:: 너무 큰 것은 반으로 잘라 랩을 씌운 뒤 끈적끈적한 과일즙이 흐르지 않도록 그릇에 받쳐 냉장고에 넣는다.

CASE 2 손질 후

:: 2~3일 안에 먹을 경우 껍질을 제거하고 과육만 잘라서 밀폐용기에 넣어 보관하면 먹을 때마다 자르는 번거로움을 덜 수 있다.

TIP 너무 작게 자르면 쉽게 물러지니 큼직하게 썬다.

CASE 3 남은 재료

:: 껍질에서 겉의 초록색 부분을 제거하고 난 중간의 흰색 부분을 필러를 이용해 얇게 잘라서 얼굴에 팩으로 쓰거나, 오이초무침 만들듯이 얇게 잘라 새콤달콤하게 무쳐 먹어도 맛있다.

useful information ✚

수박 속의 붉은색에는 리코펜이라는 성분이 함유되어 있는데, 이는 항암효과와 더불어 이뇨작용을 도와줌으로써 체내 노폐물을 체외로 배출시켜 노화방지와 피부미용에 좋다. 또한 수분 함량이 90% 이상으로 매우 높아 땀을 많이 흘려 탈수증세를 겪기 쉬운 여름철 건강에 좋고 저칼로리 다이어트 식품으로도 적합하다.

+Recipe

수박으로 만드는…
수박 페타 치즈 샐러드

재료

수박 300g(약 1/6개), 페타 90g, 애플민트잎 15장,
후추 약간

드레싱재료

수박 30g, 레몬즙 1큰술, 소금 1/4작은술,
엑스트라 버진 올리브오일 2큰술,

만들기

1. 수박 약간, 레몬즙, 소금을 꼬마믹서에 넣고 간 다음 엑스트
   라 버진 올리브오일을 섞어 드레싱을 만든다.
2. 수박을 한입크기로 썰고 페타는 손으로 떼어 준비하며 애플
   민트는 잎만 떼어 적당히 다진다.
3. 접시에 수박과 페타를 담고 드레싱을 끼얹은 다음 애플민트
   와 후추를 고루 뿌린다.

TIP 짭조름한 페타는 수박의 단맛을 더욱 풍부하게 즐길 수 있도록 도와준
다. 수박 페타 치즈 샐러드는 더운 여름에 시원한 스파클링 와인이나 화이트
와인과 함께 즐기기에 좋다.

장보기 tip

제 철 5월에서 10월말까지 생산
되기는 하지만 여름철인 6~8월이
가장 달다.
선택법 그물무늬나 줄무늬가 있는
것, 크기가 크거나 작은 것 등 여러
가지 종류의 멜론이 수입되고 있는
데, 종류에 상관없이 만졌을 때 너
무 무르지 않고 꼭지가 싱싱하며
무게가 묵직한 것을 고른다.

멜론 melon

참 쉬운 이용법

씻기

∷ 특별히 세척할 필요 없이 껍질을 두
껍게 잘라내어 먹으면 된다.

TIP 세척을 원할 경우 과실 덩어리째
로 물에 담가 문질러 씻은 뒤 흐르는
물에 헹군다.

손질하기 1

1. 반으로 자른다.
2. 4등분한다.
3. 8등분한다.
4. 씨를 뺀다.
5. 껍질이 5~8mm 정도 두께가 되도록
   과육을 분리한다.
6. 과육을 껍질에 올린 상태에서 1.5cm
   정도의 두께로 자른다.
7. 접시에 담는다.

손질하기 2

1. 반으로 자른다.
2. 4등분한다.
3. 8등분한다.
4. 씨를 뺀다.
5. 껍질이 5~8mm 정도 두께가 되도록
   과육을 분리한다.
6. 과육을 껍질에 올린 상태에서 1.5cm
   정도의 두께로 어슷썬다.
7. 접시에 담는다.

손질하기 3

1. 반으로 자른다.
2. 4등분한다.
3. 8등분한다.
4. 씨를 뺀다.
5. 껍질이 5~8mm 정도 두께가 되도록
   과육을 분리한다.
6. 반으로 자른 뒤 길이로 다시 반을 자
   른다.
7. 접시에 담는다.

손질하기 4

1. 반으로 자른다.
2. 4등분한다.
3. 8등분한다.
4. 씨를 뺀다.
5. 필러를 이용해 얇게 벗겨낸다.

손질하기 5

1. 반으로 자른다.
2. 4등분한다.
3. 씨를 뺀다.
4. 볼러를 이용해 동그랗게 떠낸다.
5. 작은 볼에 담거나 꼬치에 끼워 낸다.

똑똑한 보관법

CASE 1 구입 후

:: 후숙형 과일이므로 덜 익은 경우 바람
이 잘 통하는 곳에 2~3일간 두었다가
먹기 3~4시간 전에 냉장고에 넣어 시
원하게 즐긴다.

CASE 2 손질 후

:: 잘 익은 것은 신문지로 싸서 냉장고
에 넣으면 적당한 습도를 유지하면서
신선하게 보관할 수 있다.

:: 과육이 워낙 부드럽고 약해서 일단
자르고 나면 금방 물러지므로 밀폐용
기에 넣어 보관하더라도 빠른 시간
안에 먹어야 한다.

useful information +

수분과 섬유질 함유량이 높고 열량이 낮아 다
이어트에 효과적이고 변비에 좋다. 또한 여러
가지 비타민과 철분이 많아 기력회복에 좋고,
체내의 노폐물을 배출시키는 기능이 있어 피
부에도 좋다. 항산화작용을 하는 베타카로틴,
비타민C, 포타슘이 많아 노화방지에도 탁월
하다.

+Recipe

멜론으로 만드는…

프로슈토를 곁들인
멜론 카르파치오

재료

멜론 300g(약 1/3개), 프로슈토 60g,
엑스트라 버진 올리브오일 2큰술, 후추 약간,
이탈리안 파슬리(플랫 파슬리) 약간

만들기

1. 필러를 이용해 멜론을 얇게 잘라내 접시에 담는다.
2. 프로슈토를 손으로 떼어 적당히 말아서 함께 올린다.
3. 엑스트라 버진 올리브오일과 후추 간 것을 뿌리고 이탈리안
   파슬리를 곁들인다.

장보기 tip

제 철 원산지가 멕시코로 1년 내내 수입된다.

선택법 손으로 지그시 눌렀을 때 너무 단단하지 않고 적당히 탄력이 있으며 무게가 묵직한 것이 좋다. 초록색일수록 덜 익은 것이고 색이 짙어질수록 잘 익은 것이다.

아보카도 avocado

참 쉬운 이용법

씻기

:: 덩어리째 물에 담가 문질러 씻은 뒤
흐르는 물에 헹군다.

손질하기 1

1. 가운데에 빙 둘러 칼집을 낸다.
2. 가볍게 비틀어 분리한다.
3. 씨에 칼을 탁 때려 넣어 꽂은 뒤 비틀
   어 씨를 분리한다.
4. 아보카도 도구를 이용해서 과육을 발
   라낸다.

   TIP 숟가락을 이용해서 과육을 발라
   내거나 과도를 이용해 껍질을 벗겨내
   도 좋다.
5. 1cm 정도의 두께로 자른다.
6. 접시에 담는다.

손질하기 2

1. 가운데에 빙 둘러 칼집을 낸다.
2. 가볍게 비틀어 분리한다.
3. 씨에 칼을 탁 때려 넣어 꽂은 뒤 비틀어 씨를 분리한다.
4. 아보카도 도구를 이용해서 과육을 발라낸다.
5. 1cm 정도의 두께로 자른다.
6. 5와 직각으로 1.5cm 정도 두께로 다시 자른다.
7. 접시에 담는다.

손질하기 3

1. 가운데에 빙 둘러 칼집을 낸다.
2. 가볍게 비틀어 분리한다.
3. 씨에 칼을 탁 때려 넣어 꽂은 뒤 비틀어 씨를 분리한다.
4. 아보카도 도구를 이용해서 과육을 발라낸다.
5. 1.5cm 정도 두께의 웨지모양으로 자른다.
6. 접시에 담는다.

똑똑한 보관법

CASE 1 구입 후

:: 잘 익은 것은 비닐봉지에 넣어 냉장고에서 보관하고, 덜 익은 것은 상온에서 익혀 먹는다.

:: 빠르게 익히고 싶을 때는 사과와 함께 두면 되는데 사과에서 나오는 에틸렌이 숙성을 돕기 때문이다.

CASE 2 손질 후

:: 껍질을 벗기면 갈변이 빠르게 진행되므로 바로 먹거나 절단면에 레몬즙을 뿌려서 랩으로 꽁꽁 싼 뒤 냉장고에서 보관한다.

CASE 3 남은 재료

:: 잘 익은 것은 과육을 분리해 포크로 으깨어 과카몰리(멕시코 요리에 자주 쓰이는 소스)를 만들어 먹어도 좋고, 건조한 피부에 발라서 마사지하면 촉촉한 피부를 유지할 수 있다. 또한 밥 요리와도 잘 어울려서 초밥에 곁들이거나, 밥을 김에 싸서 먹을 때 곁들여도 좋다.

useful information

체내의 수분 흡수 및 유지를 돕는 비타민A, C, E가 모두 풍부해 피부미용에 특히 좋고 식이섬유가 많아 변비에 효과적이다. 또한 눈에 좋은 루테인이 많아 눈 건강에 도움을 주고 다양한 비타민과 미네랄은 뇌 건강에 좋아서 치매 예방에 도움을 준다.

🛒 장보기 tip

제 철 수입과일로 쉽게 눈에 띄지는 않고 수입과일 전문 업소에서 구입할 수 있다. 간혹 대형마트나 백화점 등에서 산발적으로 취급하기도 한다.

선택법 껍질이 무르지 않고 단단한 것이 좋다.

라임 lime

참 쉬운 이용법

씻기

:: 물에 담가 껍질을 잘 문질러 닦은 뒤
흐르는 물에 헹군다.

TIP 수입과일은 왁스 코팅하여 유통
시키므로 꼼꼼히 씻는다.

손질하기 – 라임 제스트 만들기 1

:: 마이크로 플래인 그레이터를 이용해
긁어낸다.

손질하기 – 라임 제스트 만들기 2

1. 껍질을 얇게 잘라낸다.
2. 뒤집어서 흰 부분을 잘라낸다.
3. 가늘게 채썬다.
4. 잘게 다진다.

손질하기 – 라임 제스트 만들기 3

:: 제스터를 이용해 긁어낸다.

똑똑한 보관법

CASE 1 구입 후
:: 씻은 뒤 물기를 제거하고 비닐봉투에
담아 냉장고에 보관한다.

CASE 2 손질 후
:: 잘라서 썼을 경우 절단면이 마르지 않
도록 랩으로 싸서 냉장고에 보관한다.

CASE 3 남은 재료
:: 레몬과 마찬가지로 껍질째 깨끗이 씻
어서 슬라이스한 뒤 설탕에 켜켜이 재
웠다가 탄산수나 물에 섞어서 시원하
게 마시면 좋다.

'모히토' 이야기

모히토는 라임이 듬뿍 들어가 청량감이 좋은 칵테일이다. 쿠바의 대표적인 칵테일로 화이트 럼, 설탕, 탄산수, 민트, 라임즙을 넣어 만든다. 수년 전 영화 〈007 어나더 데이〉에서 제임스 본드(피어스 브로스넌 역)가 징크스(할리 베리 역)를 유혹할 때 권했던 칵테일이 바로 모히토다. 영화의 영향으로 우리나라에서도 모히토가 꽤 알려지게 되었다. 또한 모히토는 헤밍웨이가 사랑한 칵테일로도 유명하다. 아마도 라임의 상큼한 맛과 독특하고 강렬한 향에 빠져서가 아닐까.

🛍 장보기 tip

제 철 수입산이 많고 요즘에는 국내에서도 생산된다.

선택법 꼭지가 싱싱하고 껍질이 매끈하며 너무 단단한 것보다는 약간의 탄성이 있는 것이 먹기 좋다. 전체적으로 초록빛이나 익을수록 짙은 노란색에서 주황색이 강해진다.

파파야 papaya

참 쉬운 이용법

씻기

:: 물에 담가 표면을 깨끗이 문질러 씻은
   뒤 흐르는 물에 헹군다.

손질하기 1

1. 반으로 자른다.
2. 반으로 다시 자른다.
3. 씨를 뺀다.
4. 껍질을 깎는다.
5. 엎어 놓고 1.5cm 정도 두께로 자른다.
6. 접시에 담는다.

손질하기 2

1. 반으로 자른다.
2. 반으로 다시 자른다.
3. 씨를 뺀다.
4. 껍질을 깎는다.
5. 길쭉한 삼각형모양으로 어슷썬다.
6. 접시에 담는다.

손질하기 3

1. 양쪽 끝을 잘라낸다.
2. 껍질을 깎는다.
3. 1.5cm 정도 두께로 슬라이스한다.
4. 씨를 뺀다.
5. 접시에 담는다.

똑똑한 보관법

CASE 1 구입 후

:: 냉장고에 보관한다.

:: 덜 익어서 초록빛이 강하고 단단한 것은 실온에서 익힌 뒤 맛이 들면 냉장고에 넣어 시원하게 해서 먹는다.

:: 잘 익은 것은 과육이 부드럽고 약하기 때문에 쉽게 멍들 수 있으니 넉넉한 공간에서 보관한다.

CASE 2 남은 재료

:: 갈아서 주스로 마시거나 샐러드 등에 곁들여 먹는다.

:: 많은 양이 남아서 상하기 전에 먹기 어려울 경우 과육만 발라내 잘게 썰어 밀봉한 뒤 냉동실에 보관한다. 또는 건조기에 말려서 파파야칩으로 만들어 먹어도 좋다.

---

useful information ✚

파파야가 잘 익었을 때 띠는 주황색의 성분인 베타카로틴과 함께 다른 열대과일과 마찬가지로 풍부한 항산화물질과 비타민C를 갖고 있어 노화방지와 피로회복에 탁월한 효과가 있다. 풍부한 비타민은 체내 면역력을 높여 각종 질병으로부터 몸을 보호한다.

🧺 장보기 tip

제 철 5월부터 나지만 6월말에서 7월에 나는 매실이 가장 영양가가 좋고 실하다고 알려져 있다.

선택법 초록빛이 밝고 선명하며 표면에 상처나 멍든 자국이 없는 것을 고른다.

매실 green plum

참 쉬운 이용법

씻기

:: 잠시 물에 담가둔 뒤 흐르는 물에 2~3
회 정도 더 헹군다.

손질하기 1

1. 가운데에 빙 둘러 칼집을 낸다.
2. 가볍게 비틀어 씨를 뺀다.

똑똑한 보관법

CASE 1 구입 후

:: 껍질이 약해 쉽게 물러지므로 씻지 않
은 채로 냉장고에 보관하고 사용 직전
에 씻는다.

CASE 2 남은 재료

:: 매실은 보통 생으로 먹지 않고 설탕에
담가 매실청을 만들어 먹거나 장아찌
등을 만들어 즐긴다.
TIP 매실청은 요리에 설탕 대신 넣어
사용하기도 하고 물에 타서 음료로 즐
겨도 좋다.

---

useful information

매실은 대표적인 알칼리성과일로 체내 산성
화를 막는 데 도움을 준다. 또한 소화를 돕고
위장장애를 치료하는 한편 식중독이나 장염
예방에도 효과적이다. 다량의 칼륨을 함유하
고 있어 빈혈을 겪는 여성들에게 추천할 만한
과일이다.

매실로 만드는…
매실 장아찌

재료

매실 300g, 설탕 300g

만들기

1. 매실을 깨끗하게 씻은 뒤 체에 밭쳐 물기를 완전히 뺀다.
2. 꼬치를 이용해 꼭지의 먼지를 제거한 뒤 과육만 잘라낸다.
3. 깨끗한 유리 밀폐용기에 과육과 설탕 250g을 버무려 꼭꼭 담은 뒤 남은 설탕으로 표면을 덮는다.

TIP 3주 정도 지나 맛이 들면 그대로 먹거나, 기호에 따라 고추장이나 고춧가루, 깨소금 등에 버무려 무쳐 먹기도 한다.

🧺 장보기 tip

제 철 8월에서 9월초가 제철이다.
선택법 우리나라에서 가장 사랑받
는 품종은 캠벨과 거봉이다. 포도
송이가 줄기에 단단하게 붙어 있고
줄기가 마르지 않은 것이 신선하고
좋다.

포도 grape

참 쉬운 이용법

씻기

1. 포도를 씻기 전에 가위로 줄기를 잘라 3~4등분으로 나눈다.

   TIP 알알이 속까지 씻기가 어렵기 때문에 적당히 잘라야 안쪽까지 깨끗하게 씻을 수 있다.

2. 2~3분 정도 물에 담가두었다가 가볍게 흔들어 씻는다.

3. 흐르는 물에 충분히 헹군다.

손질하기 1

1. 가위로 줄기를 잘라 3~4등분으로 나눈다.

2. 1인분씩 먹기 편하게 접시에 담는다.

손질하기 2

1. 알이 큰 것은 반으로 잘라 씨를 뺀다.

   TIP 아이들 간식용이나 장식용으로 좋다.

2. 접시에 담는다.

손질하기 3

1. 색이 다른 포도를 꼬치에 끼운다.
2. 접시에 담는다.

손질하기 4

:: 껍질을 벗겨낸다.

TIP 껍질을 벗겨내면 노약자나 아이
들이 먹기 편하다.

손질하기 5

1. 표면의 물기를 말린다.
2. 중탕한 초콜릿에 담근다.

TIP 장식용이나 디저트로 좋으며 기
호에 따라 다크, 밀크, 화이트 초콜릿
을 사용한다.

똑똑한 보관법

CASE 1 구입 후

:: 씻지 않고 종이에 포장된 채로 또는 신문지에 싸서 냉장고에 보관하고 먹기 바로 직전에 씻는 것이 좋다.

:: 사과, 키위, 복숭아처럼 에틸렌을 많이 배출하는 과일과는 구분하여 보관한다.

CASE 2 손질 후

:: 물에 한번 씻은 경우 물기를 완전히 털어내고 밀폐용기에 넣어 보관하는 것이 좋다.

CASE 3 남은 재료

:: 설탕과 함께 조려 잼을 만들거나 피클을 만들면 좋다.

---

useful information

포도는 가장 오랜 재배역사를 가진 과일로서 인류에게 큰 사랑을 받아왔다. 포도는 80%가 넘는 수분을 함유하고 있다. 포도당과 과당은 대사활동에 필요한 에너지원으로 몸에 흡수가 빠르기 때문에 피로회복에 도움이 되고 비타민이 풍부해 신진대사를 원활하게 해준다.

장보기 tip

제 철 7~9월이 제철이다.
선택법 알이 단단하고 고르고 큰
것이 좋으며 표면이 매끄럽고 마르
지 않은 것을 고른다.

블루베리 blueberry

참 쉬운 이용법

씻기

1. 믹싱볼에 물을 받아 조심스럽게 흔들
   어 씻는다.
2. 체에 밭쳐 흐르는 물에 헹군다.

손질하기

:: 작은 그릇에 담아 알알이 손으로 먹거
   나, 다른 베리류, 과일, 요거트,시리얼
   등과 곁들인다.

똑똑한 보관법

CASE 1 구입 후

:: 과육이 약해서 쉽게 물러질 수 있으므
   로 밀폐용기의 바닥에 키친타월을 깔
   고 담아 냉장고에 보관한다.
   TIP 먹기 직전에 씻는 것이 좋다.

CASE 2 손질 후

:: 한번 씻은 경우 물기를 완전히 제거
   하고 보관한다.
:: 많은 양이 남았다면 씻어서 물기를
   제거한 뒤 밀폐용기에 담아 냉동실에
   보관한다.

CASE 3 남은 재료

:: 설탕과 함께 재워 효소를 만들거나
   졸여서 잼을 만들어도 좋다. 또한 요
   거트나 시리얼에 곁들이거나 얼린 블
   루베리를 아이스크림과 함께 갈아서
   스무디로 즐겨도 좋다. 디저트,고기
   요리의 소스로도 잘 어울린다.

useful information

블루베리는 비타민C와 각종 미네랄을 고루 포
함한 저열량식품으로 다이어트에 좋다. 또한
블루베리에 들어 있는 안토시아닌은 노화방지
와 시력개선에 효과가 있다. 같은 양의 바나나
보다 2.5배 이상 많은 식물성기름을 함유하고
있어 콜레스테롤과 당의 흡수를 억제하고 유해
물질을 차단해 대장암 예방에 도움을 준다.

블루베리로 만드는…
블루베리 치즈 파니니

재료(2개 분량)

블루베리 1½컵, 레드 와인 1/2컵, 설탕 2큰술,
소금 1/3작은술, 슈레드 피자 치즈 100g, 크림 치즈 2큰술,
치아바타 2개

만들기

1. 작은 팬에 블루베리, 레드 와인, 설탕, 소금을 넣고 중불에서
   저어가며 수분이 날아가도록 졸인다.
2. 치아바타를 반으로 갈라 한쪽에 크림 치즈를 바른다.
3. 2 위에 1의 블루베리와 슈레드 피자 치즈를 차례대로 얹는다.
4. 그릴 팬에 3을 놓고 치즈가 녹아내리도록 굽는다.

🛒 장보기 tip

제 철 열대과일로 두꺼운 외피에 싸여 있고 과육은 흰색으로 마치 6쪽 마늘모양과 흡사하다. 과일의 여왕이라는 수식어답게 맛이 좋고 영양가가 풍부하다. 우리나라에서는 재배되지 않으며 생과나 냉동으로 수입된다.

선택법 생과 망고스틴의 경우 껍질이 물러졌다거나 과육이 갈색으로 변했다면 상한 것이다. 냉동제품을 구입할 경우 유통기한 및 배송과정에서 너무 녹지 않았는지를 확인한다.

망고스틴 mangosteen

참 쉬운 이용법

씻기

:: 생과는 과육이 두꺼워 굳이 세척하지
않아도 되지만 씻을 경우 물에 담가
씻은 뒤 흐르는 물에 헹군다.

TIP 냉동제품은 먹기 편하게 껍질에
칼집이 나 있는데 물에 담가 씻으면
과육의 맛이 덜해지므로 주의한다.

손질하기

1. 껍질 가운데에 빙 둘러 칼집을 낸다.
2. 껍질을 반만 벗기거나 완전히 벗긴다.
3. 접시에 담는다.

똑똑한 보관법

CASE 1 구입 후

:: 비닐봉지에 담아 냉장고에 보관한다.

CASE 2 손질 후

:: 과육이 부드럽고 약해서 먹기 직전에
껍질을 벗겨 먹는 것이 좋다.

CASE 3 남은 재료

:: 껍질째 냉동실에 보관한다.

useful information ✚

활성산소를 없애주는 잰산톤이 많아 항산화 작
용이 탁월하다. 또한 카테킨이 다량 함유되어
피부미용에 효과적이며, 그 외에도 칼슘, 인, 철
등의 미네랄과 비타민B1, B2, B3 및 비타민C를
비롯한 각종 식이섬유가 풍부하여 영양가가 높
고 면역력 개선 및 항암효과가 있다.

장보기 tip

제　철 국내산은 8~11월이 제철이
지만 수입산은 1년 내내 구입할 수
있다.
선택법 껍질에 상처가 없이 고르며
손으로 지그시 눌렀을 때 적당히
탄력 있는 것이 좋다. 너무 단단한
것은 덜 익어서 신맛이 강하다.

키위 kiwi

참 쉬운 이용법

씻기

:: 물에 담가 손으로 껍질을 문질러 씻은
뒤 흐르는 물에 헹군다.

손질하기 1

1. 양끝을 잘라낸다.
2. 껍질을 벗긴다.
3. 1cm 정도 두께로 썬다.
4. 접시에 겹쳐 담는다.

손질하기 2

1. 양끝을 잘라낸다.
2. 껍질을 벗긴다.
3. 길이로 반을 자른다.
4. 자른 조각을 어슷하게 2등분한다.
5. 접시에 모양대로 담는다.

손질하기 3

1. 양끝을 잘라낸다.
2. 반을 자른다.
3. 떠먹을 수 있도록 작은 티스푼을 곁들여 낸다.

손질하기 4

1. 양끝을 잘라낸다.
2. 왕관모양처럼 가운데를 향해 지그재그로 칼집을 낸다.
3. 두 조각을 분리한다.
4. 한 조각은 껍질을 벗긴다.
5. 다른 한 조각은 껍질 안쪽으로 둘러가며 칼집을 낸다.
6. 접시에 담는다.

손질하기 5

1. 양끝을 잘라낸다.
2. 껍질을 벗긴다.
3. 길이로 반을 자른다.
4. 웨지모양으로 자른다.
5. 접시에 담는다.

똑똑한 보관법

CASE 1 구입 후

:: 껍질째 보관하며 먹기 직전에 씻는다.

:: 잘 익은 것은 밀폐용기에 넣어 냉장
고에 보관하고 덜 익은 것은 상온에
2~3일 정도 둔다.

CASE 2 남은 재료

:: 갈아서 샐러드드레싱으로 사용하거나
주스로 즐기기 좋다.

:: 연육효과가 있어 질긴 고기를 요리할
때 양념으로 사용한다.

TIP 너무 많은 양을 사용하면 고기가
푸석해져 식감이 나빠질 수 있으니 주
의한다.

---

useful information

키위에는 단백질과 각종 무기질, 풍부한 식이
섬유가 포함되어 있는 반면에 칼로리는 낮아
다이어트 및 피부미용에 좋아 많은 여성들에
게 미용식품으로 각광받고 있다. 특히 골드키
위는 면역력 증강효과와 더불어 성장호르몬
을 촉진시키는 효과가 있으며, 뇌 발달에 효과
적인 식물성호르몬을 함유하고 있어 자라나
는 어린이에게 좋다. 또한 임산부에게 필요한
엽산이 풍부하므로 출산을 앞둔 여성들에게
도 좋다.

장보기 tip

제 철 우리나라에서는 재배되지
않으며 냉동상태로 수입된다.
선택법 우리나라에서는 냉동상태
로 구입하게 되므로 상처나 곰팡
이의 흔적 없이 신선한 상태에서
냉동되었는지, 배송과정에서 녹은
흔적은 없는지 확인한다.

리치 litchi

참 쉬운 이용법

씻기
:: 흐르는 물에 헹구어 씻는다.

손질하기
1. 껍질에 가볍게 칼집을 낸다.
2. 손으로 껍질을 벗긴다.
3. 접시에 담는다.

똑똑한 보관법

CASE 1 구입 후
:: 바로 냉동실에 보관한다.

CASE 2 남은 재료
:: 껍질과 씨를 발라내고 과육을 갈아서
   탄산수와 섞어 가벼운 음료나 칵테일
   등으로 즐길 수 있다.

useful information ✚

식이섬유와 비타민, 폴리페놀의 함량이 높아
항산화작용이 뛰어나다. 이로 인해 피부보호
및 혈관계질환에 좋다. 또한 티아민, 니아신,
엽산 등이 풍부하게 들어 있고 칼륨과 같은
미네랄이 풍부해 건강에 좋다. 열량이 낮아 다
이어트에도 도움이 된다.

장보기 tip

제 철 전량 수입되는 과일로 구하기 힘들며 고급 식료품점이나 전문 과일상에서 취급한다. 생과나 냉동으로 수입된다.

선택법 두리안은 잘 익으면 아래쪽부터 조금씩 갈라지기 시작한다. 너무 많이 갈라진 것을 고르지 말고 조금 금이 가 있는 것을 고르면 알맞게 잘 익은 것이다.

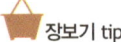

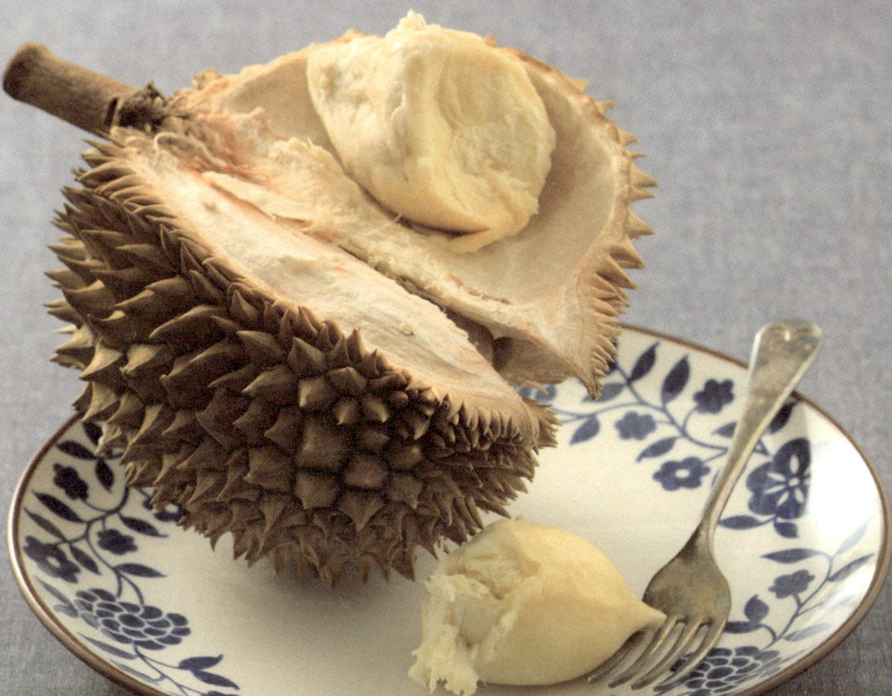

두리안 durian

참 쉬운 이용법

씻기

:: 잠시 물에 담가둔 뒤 흐르는 물에 2~3
회 정도 더 헹군다.

손질하기

1. 아랫부분의 갈라진 틈을 이용해 손으
로 쪼갠다.
2. 덩어리를 가른다.
3. 과육을 발라낸다.
4. 칼집을 넣는다.
5. 손으로 찢어가며 씨를 발라낸다.

똑똑한 보관법

CASE 1 구입 후

:: 두리안은 '냄새는 지옥 같고 그 맛은
천국 같다'라는 말이 있을 정도로 냄
새가 고약하다. 구입하면 바로 먹고,
그렇지 못할 경우 과육만 발라내어 커
다란 과육째로 밀폐용기에 담아 냉장
고에 보관한다.

CASE 2 남은 재료

:: 남은 과육은 아이스크림을 만들거나,
아이스크림이나 요거트 등과 함께 스
무디로 갈아 마셔도 좋다. 또는 밀봉
하여 냉동실에 보관한다.

useful information ✚

두리안은 과일의 왕이라 불릴 정도로 그 맛이
훌륭하고 탄수화물, 단백질, 칼슘, 철, 비타민
등 각종 영양성분이 가득하다. 하지만 열량이
높은 편이어서 다이어트 중에는 소량만 섭취
하는 게 좋다. 또한 몸에서 열을 나게 하는 작
용이 있으니 술이나 카레 등 열을 나게 하는
식품과 함께 섭취하는 것을 자제해야 한다.

롱간 longan

참 쉬운 이용법

씻기

:: 넉넉한 양의 물에 충분히 담갔다가 흔
들어 씻어준 뒤 흐르는 물에 헹군다.

손질하기

1. 손으로 껍질을 벗긴다.
2. 그릇에 담는다.

똑똑한 보관법

CASE 1 구입 후

:: 냉동실에 보관한다.

CASE 2 남은 재료

:: 먹기 전에 녹여서 먹는다. 완전히 해
동해서 먹기도 하지만, 살짝만 녹여
먹으면 달콤한 과육과 풍부한 과즙이
시원한 청량감을 준다.

useful information ✚

롱간(롱안, 용안)은 중국 남부에서 나는 나무
의 열매다. 지방이나 단백질 함량이 적으며
비타민C와 수분 함량이 높아 다이어트와 피
부미용에 좋다. 중국에서는 예로부터 불면증
이나 정서불안 등 심리적 질병을 치료하는
약용으로 사용되었을 정도로 심리안정에 효
과가 있다고 한다.

Part 2

치즈

cheese

장보기 tip

맛있게 먹는 법 맛이 부드럽고 은
은하여 토마토, 바질, 올리브오일
과 잘 어울린다. 이탈리아의 대표
적인 샐러드인 카프레제가 바로 이
러한 조화로 만들어진 것이다.

모차렐라 mozzarella

참 쉬운 이용법

손질하기

1. 원하는 크기대로 칼로 자르거나 결을 따라 손으로 찢는다.

2. 토마토, 바질과 함께 페스토나 발사 믹식초를 곁들인다.

3. 가지, 주키니, 파프리카, 양파 등의 채소를 구워서 곁들인다.

똑똑한 보관법

:: 냉장고에 보관한다.

:: 개봉 후 한번에 다 쓰지 않을 경우 밀폐용기에 소금물과 함께 담아 냉장고에 보관한다.

TIP 밀폐용기는 소금물에 치즈가 푹 잠길 수 있도록 좁고 깊은 것을 쓰는 것이 좋다.

useful information +

지금의 로마에 위치했던 고대국가인 라티움에서 유래된 물소젖 치즈다. 지금도 이 지역에서는 물소젖으로만 모차렐라를 만들고 있고 그 외의 지역에서는 소젖을 섞어서 만든다. 흰색의 말랑말랑한 생치즈로서 동그란 형태로 만들어 유장이나 물 등의 액체와 함께 담아 보관, 유통한다. 물소젖으로 만든 것이 더욱 섬세하고 깊은 풍미를 지니고 있어 생으로 즐기기에 좋고, 우유젖으로 만든 것은 피자나 라자니아 등의 요리에 이용된다. 40~45%의 지방을 함유하며 수분이 많아 유통기한이 짧으므로 반드시 냉장보관해야 한다. 생으로 먹거나 익혀서 먹는 치즈로 부드러운 맛이 좋아서 널리 사랑받는다.

장보기 tip

맛있게 먹는 법 먹기 편한 한입 크기로 되어 있다. 올리브나 방울토마토 등과 함께 꼬치에 끼워 먹거나, 프로슈토 같은 생햄을 보콘치니에 돌돌 감아 곁들이면 좋다.

보콘치니 *bocconcini*

참 쉬운 이용법

손질하기

1. 보콘치니는 모차렐라를 작은 형태로 만든 것이다. 메추리알과 달걀의 중간 정도 크기로 만들어 자를 필요 없이 한입에 먹기 편하다.

2. 체에 밭치거나 키친타월에 올려 수분을 살짝 제거하고 사용한다.

3. 물기를 제거하고 그대로 먹거나 샐러드 등에 넣어도 좋지만, 소금과 후추를 살짝 뿌려 간하고 엑스트라 버진 올리브오일을 뿌리면 보다 맛있는 보콘치니를 즐길 수 있다.

똑똑한 보관법

:: 냉장고에 보관한다.

:: 모차렐라와 마찬가지로 개봉 후 한번에 다 쓰지 않을 경우 밀폐용기에 소금물과 함께 담아 냉장보관한다.

TIP 소금물에 치즈가 푹 잠길 수 있도록 좁고 깊은 밀폐용기를 쓰는 것이 좋다.

---

useful information

40~45%의 지방을 함유하며 수분이 많아 유통기한이 짧으므로 반드시 냉장보관해야 한다. 작은 크기의 모차렐라로 초기에는 물소젖으로만 만들어졌으나 요즘에는 물소와 젖소의 젖을 섞어서 만들고 있다. 한입에 먹기 편하게 되어 있어 주로 샐러드에 넣어 먹거나 한입 크기의 카나페나 꼬치 등을 만들 때 사용한다.

+Recipe

보콘치니로 만드는…

스파이시 허브 마리네이드 보콘치니

재료

보콘치니 125g, 크러시드 페퍼 약간, 타임가루 약간,
후추 약간, 소금 약간, 엑스트라 버진 올리브오일 1큰술

만들기

1. 보콘치니를 체에 밭쳐 수분을 제거한다.
2. 볼에 보콘치니를 넣고 크러시드 페퍼, 타임가루, 후추, 소금,
   엑스트라 버진 올리브오일과 함께 섞는다.
3. 크래커, 빵 등과 함께 곁들여 낸다.

장보기 tip

맛있게 먹는 법 샌드위치나 카나페 등에 발라서 먹으며 샐러드, 팬케이크, 파스타 등의 토핑으로도 잘 어울린다. 또한 달콤한 맛과도 잘 어울려 과일이나 시럽 등과 함께 디저트에 자주 이용된다.

리코타 ricotta

참 쉬운 이용법

손질하기

1. 크래커에 리코타를 바르고 말린 과일이나 올리브 등을 곁들인다.

2. 사과를 얇게 슬라이스한 뒤 꿀을 뿌려 곁들인다.

3. 차갑고 아삭아삭한 그린샐러드나 구운 채소를 곁들인다.

   TIP 구운 파프리카에 리코타와 허브를 곁들이면 애피타이저나 화이트 와인의 안주로 좋다.

똑똑한 보관법

:: 남은 치즈는 밀폐용기에 담아 공기가 닿지 않도록 랩을 눌러서 표면에 닿도록 밀착시킨 뒤 뚜껑을 닫아 보관한다.

useful information

'다시(ri) 익혔다(cotta)'라는 뜻의 이름을 가진 치즈다. 치즈를 만들고 남은 유장을 다시 한번 가열하여 만든 것으로 부드럽고 크리미한 형태를 띠고 있다. 약 13% 정도의 지방을 함유하고 있으며 코티지 치즈와 비슷한 질감을 가졌으나 코티지 치즈보다는 더 가벼운 느낌이다. 빵이나 크래커 등에 발라서 카나페로 즐기거나, 파스타나 샐러드에 곁들이거나, 뇨끼 반죽에 넣는다. 냉장보관해야 하고 수분 함유량이 높아 유통기한이 짧으므로 개봉하고 빠른 시일 내에 먹는 것이 좋다.

🛒 장보기 tip

맛있게 먹는 법 과일, 크래커 등에 곁들이거나 무스케이크에 넣거나 리조또를 만들 때 버터나 파르미지아노 레지아노 대신 사용한다.

마스카르포네 mascarpone

참 쉬운 이용법

손질하기

:: 생크림과 휘핑하여 과일을 곁들인다.
TIP 다이제스티브 쿠키를 함께 곁들여도 좋다.

똑똑한 보관법

:: 수분이 많아 쉽게 상하므로 개봉 후에는 빠른 시일 안에 먹는 것이 좋다.
:: 남은 마스카르포네는 밀폐용기에 담은 뒤 공기가 닿지 않도록 랩을 눌러서 표면에 닿도록 밀착시키고 뚜껑을 닫아 보관한다.
:: 시금치를 데친 후 물기를 꼭 짜서 잘게 썬 뒤 마스카르포네와 버무려 그릇에 담고 슈레드 피자 치즈를 뿌려 오븐에 구우면 담백한 빵이나 크래커 등에 곁들이기 좋은 딥이 완성된다.

useful information

크림과 레몬즙을 섞어 모슬린 헝겊에 넣고 매달아 물기를 빼서 만든 치즈로 밀라노 지역에서 16세기 즈음부터 만들어지기 시작했다. 부드러운 크림과 산뜻한 신맛이 느껴지는 치즈로 이탈리아의 대표적인 디저트인 티라미수의 주재료다.

🛒 장보기 tip

맛있게 먹는 법 빵가루를 입혀 팬
에 구워서 채소에 곁들이거나, 감
자파이, 채소파이 등 짭조름한 파
이나 타르트에 곁들인다. 또한 달
콤하게 조리한 채소나 과일 등과
함께 카나페에 쓰기도 한다.

염소 치즈 goat cheese

참 쉬운 이용법

손질하기

1. 빵이나 크래커에 그대로 발라 먹는다.
   TIP 염소 치즈를 바른 빵에 피스타치오와 크랜베리를 얹고 꿀을 조금 뿌리면 맛이 좋다.

2. 냉동실에 30분가량 넣어 차갑게 굳힌 뒤 동그랗게 모양을 낸다. 견과류와 건과일을 다진 것에 굴려서 치즈볼을 만들어 빵, 크래커 등과 함께 곁들인다.

똑똑한 보관법

:: 남은 염소 치즈는 밀폐용기에 담아 공기가 닿지 않도록 랩을 눌러서 표면에 밀착시킨 뒤 뚜껑을 닫아 냉장 보관한다.

useful information +

염소젖으로 만든 치즈로서 지방 함량은 최소 45% 이상이다. 순수하게 염소젖으로만 만든 치즈(chevres)도 있고, 염소젖과 소젖을 섞어서 만든 치즈(mi-chevre)도 있다. 쿰쿰한 향과 시큼한 맛이 특징이다. 차갑게 해서 먹거나 단단한 형태의 염소 치즈는 빵에 얹어 구워 먹기도 한다.

부라타 burrata

참 쉬운 이용법

손질하기

1. 함께 포장된 물을 따라내고 치즈만 조심스럽게 건져 그릇에 담아 엑스트라 버진 올리브오일을 살짝 뿌린다.
2. 토마토나 올리브, 바질 등과 함께 곁들인 뒤 바삭하게 구운 빵에 발라 먹으면 좋다.

3. 부라타에 잘게 썬 딸기를 곁들이거나 무화과를 잘라서 접시에 담고 발사믹 글레이즈를 뿌리면 맛이 좋다.

똑똑한 보관법

:: 부라타를 한번 자르면 안쪽 크림이 모두 흘러나오므로 개봉하고 바로 먹도록 한다.

useful information +

남부 이탈리아에서 유래한 생치즈로 모차렐라를 만들고 남은 단백질과 지방 찌꺼기를 크림과 섞은 것이다. 형태는 모차렐라와 비슷하나 그 속은 크림을 넣어서 버터처럼 부드러운 질감이 매력적이다. 유장이나 물 등의 액체와 함께 담아 보관, 유통한다.

부라타로 만드는…

페스토향의 부라타 치즈 브루스케타

재료

치아바타 1개, 부라타 110g, 방울토마토 6개, 블랙올리브 4개,
적양파 약간, 바질 약간, 페스토 1큰술,
엑스트라 버진 올리브오일 1큰술

만들기

1. 치아바타를 1.5cm 정도 두께로 썰어 팬에서 노릇하게 구운
   뒤 잠시 식힌다.
2. 방울토마토와 블랙올리브, 적양파를 잘게 썬다.
3. 페스토와 엑스트라 버진 올리브오일을 섞는다.
4. 치아바타에 부라타를 조금씩 떼어 얹고 2의 다진 채소를 올
   린다.
5. 3의 페스토소스를 뿌린 뒤 채썬 바질을 곁들여 낸다.

장보기 tip

맛있게 먹는 법 오이, 양파, 올리브, 토마토 등에 올리브오일을 곁들여 만든 그리크샐러드는 페타가 들어간 대표적인 메뉴다. 단맛이 좋은 토마토와 상큼한 채소가 짭조름한 맛과 잘 어우러진다. 수박이나 멜론, 오렌지 등과도 잘 어울린다.

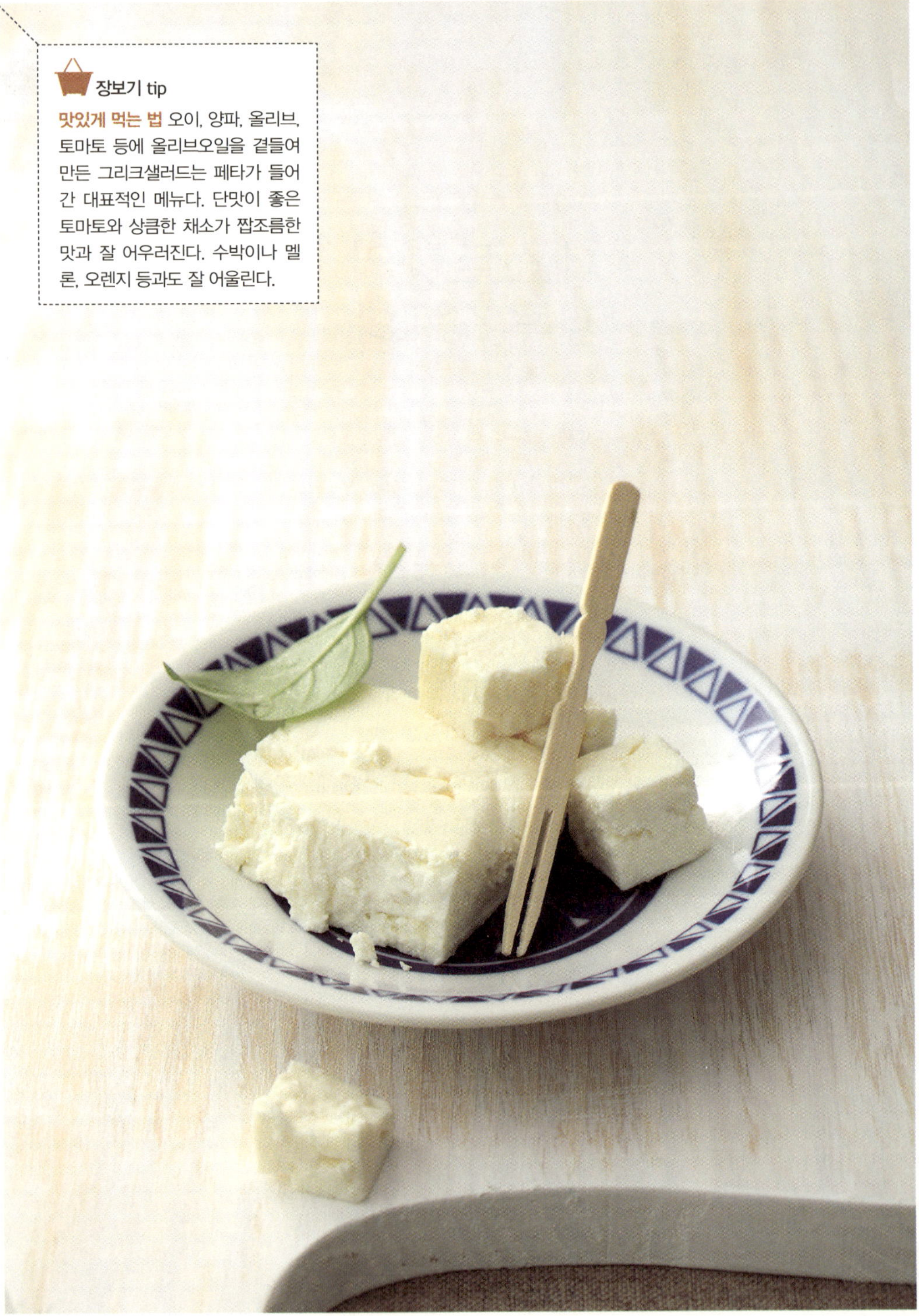

페타 feta

참 쉬운 이용법

손질하기

1. 오일에 담겨 있는 제품은 그대로 오
   일에서 건져서 깍둑썬다.

2. 블록 형태의 제품은 칼로 잘라서 쓰
   거나 손으로 자연스럽게 떼어낸다.

똑똑한 보관법

:: 약간의 물기가 있게 비닐 포장된 제
   품도 있고 오일에 담겨 있는 제품도
   있는데, 먹고 남은 치즈는 오일에 담
   가 보관하는 것이 공기 접촉을 피할
   수 있고 보존 기간이 길어져서 좋다.
:: 치즈를 먹고 남은 오일은 샐러드드레
   싱을 만들 때 사용하면 좋다.

useful information

가장 잘 알려진 그리스 치즈다. 양젖(소젖이나
염소젖을 일부 섞어서 만들기도 한다)으로 만
든 치즈로 45%의 지방을 함유하고 있다. 페타
는 커다랗게 숙성시킨 치즈를 슬라이스하여
다시 숙성시키는데, 그래서 붙여진 이름이 '슬
라이스'라는 뜻을 가진 '페타'다. 짭조름하고
강한 풍미가 특징이며 그리크샐러드에 빠지
지 않고 들어가는 치즈다.

장보기 tip

맛있게 먹는 법 흰색의 곰팡이 껍질까지 그대로 잘라서 먹는다. 냉장고에서 꺼내 바로 먹어도 좋지만, 실온에 두었다가 부드러울 때 빵이나 크래커에 발라서 먹거나 오븐에 가열하여 먹어도 맛있다. 담백한 바게트, 살구, 피칸이나 아몬드 등의 견과류와 잘 어울리는 풍미를 지녔으며 시원한 샤도네에 곁들이기 좋다.

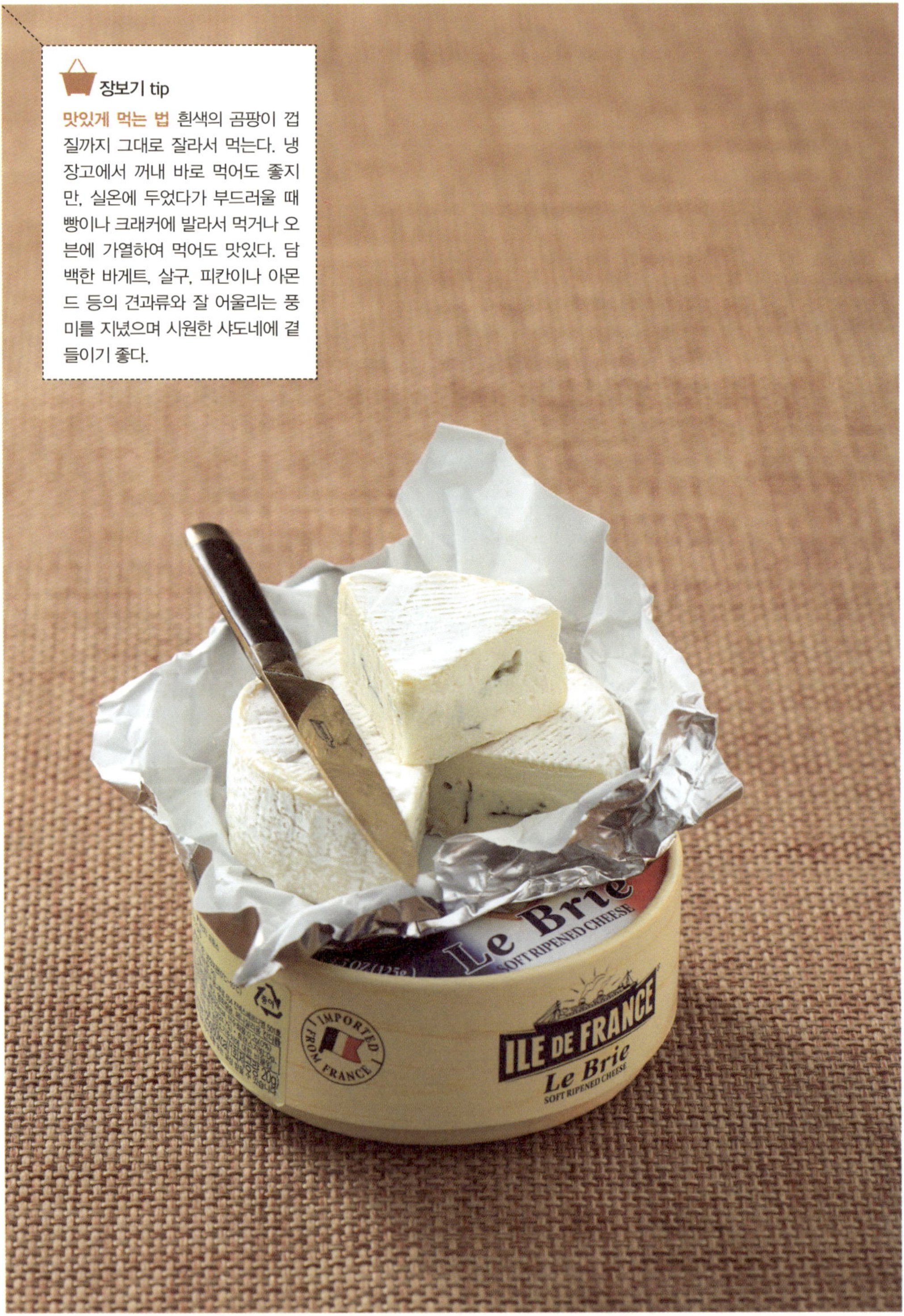

브리 brie

참 쉬운 이용법

손질하기

1. 웨지모양으로 자른다.

2. 과일을 곁들인다.

3. 두께의 반으로 잘라 자른 면이 위로 가도록 놓고 그 위에 견과류나 건과일을 곁들인다.

   TIP 크래커, 빵 등과 함께 부드럽게 곁들여 먹기 좋다.

똑똑한 보관법

:: 먹다 남은 치즈는 유산종이로 한 겹 말고 공기가 닿지 않도록 랩으로 꽁꽁 싸서 밀폐용기에 넣어 냉장보관한다.

:: 열흘 이내에 먹도록 하고 곰팡이가 생겼을 경우 칼을 이용해 곰팡이 부분을 제거하고 먹는다.

useful information

프랑스의 대표적인 치즈로 45% 이상의 지방을 함유하고 있으며 섬세하고 부드러운 맛과 질감을 지녔다. 표면이 얇은 곰팡이 껍질로 쌓여 있는데 이 부분 역시 먹을 수 있다. 예전에는 지름 30cm 정도의 커다란 크기로 만들어졌으나 요즘에는 다양한 크기와 형태로 생산되고 있다. 종종 카망베르와 비교되는데 카망베르보다 숙성기간이 길고 생산지역에도 차이가 있다.

브리로 만드는…

견과류를 곁들인
브리 치즈 빵 구이

재료

동그란 호밀빵, 브리 1개, 꿀 1큰술, 호두 5알

만들기

1. 빵의 가장자리에 칼집을 낸다.
2. 호두를 적당히 다져서 준비한다.
3. 치즈를 두께로 반을 잘라 빵 가운데에 올린다.
4. 치즈 위에 호두를 올리고 꿀을 뿌린다.
5. 200도 오븐에서 치즈가 녹도록 15~20분가량 굽는다.

TIP 1 동그란 호밀빵이 없을 경우 바게트처럼 담백하고 달지 않은 빵으로
대체한다.

TIP 2 위의 레시피대로 크게 만들어 빵을 뜯어 먹으면서 치즈를 곁들여도
좋고, 빵을 잘라 작게 썬 치즈를 얹어 1인분 크기로 만들어도 좋다.

장보기 tip

맛있게 먹는 법 흰색의 곰팡이 껍
질까지 그대로 잘라서 먹는다. 냉
장고에서 꺼내 바로 먹어도 좋지만
실온에 두었다가 부드러울 때 빵이
나 크래커에 발라 먹거나, 타임이
나 로즈마리 같은 허브를 곁들여
가열해 먹어도 맛있다. 사과와 잘
어울리는 풍미를 지녔다.

카망베르 camembert

참 쉬운 이용법

손질하기

1. 반으로 자른 뒤 두께로 다시 반을 잘라 동그란 모양으로 접시에 담고 그 위에 올리브오일과 허브 등을 곁들인다.
   TIP 그대로 먹거나 오븐에 넣어 부드럽게 구워 먹는다.

2. 웨지모양으로 잘라 그대로 먹는다.

3. 얇게 슬라이스하여 과일잼을 바른 빵이나 크래커에 곁들인다.

똑똑한 보관법

:: 브리와 마찬가지로 먹다 남은 경우 유산종이로 한 겹 만 뒤 공기가 닿지 않도록 랩으로 꽁꽁 싸서 밀폐용기에 넣어 냉장보관한다.

:: 열흘 이내에 먹도록 하고 곰팡이가 생겼을 경우 칼을 이용해 곰팡이 부분을 제거한다.

useful information

45~50% 정도의 지방을 함유하고 있는 치즈로 잔털이 나 있는 듯한 곰팡이 껍질에 쌓여 있다. 프랑스혁명 즈음에 만들어지기 시작했다고 알려져 있다. 브리와 생김새나 맛이 유사해 보이지만 브리에 비해 숙성기간이 짧아 더 단단하고 맛과 향이 옅다.

장보기 tip

맛있게 먹는 법 파스타나 뇨키의 소스에 넣으면 풍미가 한결 좋아지고 묵직한 느낌의 소고기요리와도 잘 어울린다. 피자도우나 치아바타 등에 모차렐라, 꿀과 함께 곁들여 조리하면 맛있다.

고르곤졸라 gorgonzola

참 쉬운 이용법

손질하기

1. 크럼블 형태는 그대로 스푼 등으로 떠서 사용한다.
2. 블록 형태는 칼로 자르거나 손으로 떼어낸다.

   TIP 도마 위에 종이포일을 깔고 자르면 도마에 냄새가 배지 않고 들러붙지 않아 편리하다.

3. 꿀을 조금 뿌려 치즈 플래터에 곁들인다.

   TIP 치즈 플래터는 다양한 치즈를 그릇에 담은 것이다.
4. 졸인 과일이나 과일잼 등을 곁들여 그릴샌드위치나 피자 등을 만들 때 사용한다.

똑똑한 보관법

:: 공기가 닿지 않게 랩으로 꽁꽁 싼 뒤 밀폐용기에 넣어 냉장보관한다.
:: 빠른 시일 안에 먹기 힘들 경우 냉동보관한다.

useful information ✚

이탈리아의 대표적인 푸른곰팡이 치즈로 흰색이나 옅은 노란빛을 띠는 치즈 사이에 푸른빛의 곰팡이가 대리석 무늬를 이룬다. 보통 청색이나 청흑색을 띠며 조직이 연해 부서지기 쉽다. 특유의 자극적인 풍미와 독특한 감칠맛은 입맛을 돋우는 역할을 하므로 식전주와 함께 나오는 카나페에 자주 사용된다. 고르곤졸라는 숙성 정도에 따라 돌체(dolce)와 피칸테(piccante)로 부르는데, 피칸테의 숙성기간이 더 길어 그 맛과 향이 돌체보다 강하다. 다른 나라의 대표적인 푸른곰팡이 치즈로는 프랑스의 로크포르 치즈와 브레스 블루 치즈, 영국의 스틸톤 치즈 등이 있다.

🧺 장보기 tip

맛있게 먹는 법 빵가루를 입혀 튀기거나 허브가루를 뿌려 팬에 구워 먹으면 좋다. 여러 가지 채소와 함께 꼬치에 끼워 석쇠에 굽기도 한다. 치즈를 그대로 먹어도 좋지만 짠맛이 강해 샐러드에 곁들이면 잘 어울린다.

할루미 halloumi

참 쉬운 이용법

손질하기

1. 길쭉한 모양으로 자른다.

2. 깍둑썬다.

3. 빵가루를 입혀서 튀긴다.
4. 허브가루와 크러시드 페퍼 등을 묻혀
   서 기름을 살짝 두른 팬에 굽는다.

똑똑한 보관법

:: 공기가 닿지 않게 랩으로 꽁꽁 싼 뒤
   밀폐용기에 넣어 냉장보관한다.
:: 빠른 시일 안에 먹기 힘들 경우 냉동
   보관한다.

useful information

저온살균하여 만든 키프로스 섬의 전통적인
치즈로 염소와 양의 젖을 섞어서 만들었으며,
소젖을 섞어 만든 할루미가 늘어가는 추세다.
탄력이 있어 쉽게 부서지지 않으며 열에 강한
특성 때문에 조리해서 먹기 좋다.

할루미로 만드는…

오렌지와 할루미 치즈를 곁들인 샐러드

재료

오크잎 90g, 할루미 90g, 오렌지 1개, 적양파 50g

드레싱재료

설탕 2작은술, 다진 마늘 1작은술, 소금 1/3작은술,
발사믹식초 2큰술, 엑스트라 버진 올리브오일 2큰술

만들기

1. 오일을 제외한 나머지 드레싱재료를 모두 넣고 설탕과 소금
   이 잘 녹도록 저은 뒤 마지막에 오일을 넣고 섞는다.
2. 오크잎을 차가운 물에 잠시 담가두었다가 씻은 뒤 야채탈수
   기에 돌려 수분을 제거한다.
3. 적양파를 슬라이스하여 찬물에 담가 매운맛을 뺀 뒤 체에 밭
   쳐 물기를 제거한다.
4. 오렌지의 껍질을 벗겨 과육을 한입크기로 자른다.
5. 할루미를 깍둑썬 뒤 엑스트라 버진 올리브오일을 살짝 뿌려
   팬에서 노릇하게 굽는다.
6. 준비한 재료를 접시에 담고 드레싱을 곁들인다.

🧺 장보기 tip

맛있게 먹는 법 부드러운 종류는 아몬드 같은 견과류와 잘 어울리고, 맛과 향이 강렬하고 쿰쿰한 종류는 달콤한 과일이나 잼 등과 곁들이면 좋다.

껍질 세척 치즈 washed cheese

참 쉬운 이용법

손질하기

1. 스프레드나이프나 티스푼으로 직접 치즈를 떠서 크래커에 발라먹는다.
2. 냉장고에서 꺼내 차가울 때 칼로 잘라 빵이나 크래커에 얹어 먹는다.

TIP 굉장히 부드러운 질감을 갖고 있어 상온에 두면 바로 녹아내린다.

똑똑한 보관법

:: 나무틀에 있는 치즈는 차가울 때 칼을 이용해서 먹을 만큼 잘라 접시에 담아 먹고 나무틀째로 밀폐용기에 넣어 보관한다.

:: 종이에 포장된 치즈는 먹을 만큼 잘라내고 종이에 다시 싼 다음 랩으로 한 번 더 싸서 공기가 닿지 않게 하거나 밀폐용기에 넣어 냉장보관한다.

TIP 워낙 부드러운 질감을 갖고 있어서 한번 자르면 치즈가 흘러내려 포장해서 넣어두어도 원래의 모양을 유지하기 어렵다.

useful information

물이나 유장, 알코올 등으로 표면을 세척하는 과정을 거쳐 숙성된 치즈로 대부분 우유로 만든 치즈를 사용하며, 세척 과정을 통해 세균이 충분히 생성되어 특유의 풍미를 갖게 된다. 대개 표면은 오렌지색을 띠고 있으며 굉장히 부드러운 질감을 가진다. 상온에서 쉽게 흘러내릴 정도로 부드럽기 때문에 모양을 유지시키기 위해 대부분 나무상자에 넣어서 생산한다.

체더 cheddar

참 쉬운 이용법

손질하기

1. 깍둑썬다.

2. 방울토마토, 올리브 등과 곁들여 꼬치에 꽂는다.
3. 납작하게 슬라이스하여 크래커 위에 얹은 뒤 얇게 썬 양파와 머스터드를 곁들인다.

   TIP 맥주 안주로 잘 어울린다.

똑똑한 보관법

:: 공기가 닿지 않게 랩으로 꽁꽁 싼 뒤 밀폐용기에 넣어 냉장보관한다.
:: 빠른 시일 안에 먹기 힘들 경우 냉동 보관해도 좋다.
:: 냉동시켰던 체더는 생으로 먹으면 식감이 떨어지지만, 빵에 얹어 구워 먹거나 파스타소스를 곁들여 가열해서 먹으면 맛이나 향에서 큰 차이가 없다.

useful information

전통적인 체더는 영국의 체더마을에서 우유를 이용해 만들기 시작한 것으로 짙은 노란빛을 띠며 원기둥 모양으로 만들어져 천에 쌓여 있다. 요즘에는 다른 국가에서도 이 치즈의 특징을 본떠 체더를 많이 생산하는데, 영국의 체더마을이 아닌 다른 지역에서 생산하여 진공팩에 담겨 유통되는 것은 전통적인 체더와는 차이가 있다.

장보기 tip

맛있게 먹는 법 뜨거운 감자요리
나 달걀요리에 갈아서 올리면 자연
스럽게 녹으면서 맛이 잘 어우러진
다. 리조또나 파스타 등에 곁들이기
도 하고 따뜻한 그릴샌드위치에 모
차렐라를 함께 넣어 먹어도 맛있다.
산뜻한 로제 와인과 잘 어울린다.

고다 gouda

참 쉬운 이용법

손질하기

1. 원하는 크기로 썰어 크래커나 올리브를 곁들인다.

2. 얇게 슬라이스해서 샌드위치에 넣는다.
3. 작게 깍둑썰기해서 파스타나 리조또 등에 넣는다.

똑똑한 보관법

:: 공기가 닿지 않게 랩으로 꽁꽁 싼 뒤 밀폐용기에 넣어 냉장보관한다.

:: 빠른 시일 안에 먹기 힘들 경우 냉동 보관해도 좋다.

:: 냉동시켰던 고다는 생으로 먹으면 식 감이 떨어지지만, 파스타소스에 사용 하거나 빵에 넣어 구워 먹으면 맛이나 향에서 큰 차이가 없다.

useful information +

에담과 함께 네덜란드의 유명한 치즈로 고다 지역에서 만들어졌다. 숙성된 단단한 경질 치 즈이며 둥근 바퀴모양이다. 숙성기간과 방법 에 따라 껍질이 금색이나 노란색을 띠며, 맛이 나 향도 부드러운 것에서 강한 것까지 종류가 다양하다.

고다로 만드는…

고다 치즈를 넣어 만든 버섯 토르티야 구이

재료

표고버섯 6개(150g), 양파 70g, 옥수수 토르티야 4장,
고다 40g, 슈레드 피자 치즈 40g, 소금 약간, 후추 약간,
크러시드 페퍼 약간

만들기

1. 고다를 얇게 슬라이스하고 표고버섯과 양파를 5mm 정도 두께로 자른다.
2. 팬에 기름을 두른 뒤 버섯과 양파를 올리고 소금, 후추, 크러시드 페퍼를 뿌려 노릇하게 볶는다.
3. 마른 팬에 토르티야를 올리고 슈레드 피자 치즈와 고다를 얹는다.
4. 3 위에 볶은 버섯과 양파를 올리고 다시 토르티야로 덮은 뒤 양쪽이 노릇하도록 굽는다.

🛒 장보기 tip

맛있게 먹는 법 생으로 먹거나 가
열해서 먹는다. 식빵 사이에 머스
터드를 바르고 햄과 함께 넣어 구
워 먹거나 치즈스콘, 치즈쿠키 등
을 만들 때 넣어도 좋다.

에멘탈 emmental

참 쉬운 이용법

손질하기

1. 얇게 슬라이스해서 샌드위치 사이에 넣는다.
2. 작게 깍둑썰거나 치즈그레이터에 갈아서 베이킹에 사용한다.
3. 여러 가지 모양으로 자른다.
   TIP 구멍이 송송 뚫려 있어 잘랐을 때의 모양이 좋다.

똑똑한 보관법

:: 공기가 닿지 않게 랩으로 꽁꽁 싼 뒤 밀폐용기에 넣어 냉장보관한다.
:: 빠른 시일 안에 먹기 힘들 경우 냉동 보관해도 좋다.
:: 냉동시켰던 에멘탈은 생으로 먹으면 식감이 떨어지지만, 빵에 넣어 구워 먹거나 양파수프에 뿌려 구워 먹으면 맛이나 향에서 큰 차이가 없다.

useful information

대표적인 스위스 치즈로 구멍이 송송 뚫려 있으며 만화 '톰과 제리'의 치즈로도 유명하다. 지름 80cm 이상, 두께 22cm의 대형 치즈로 무게가 80~100kg에 달하며 숙성기간은 6~12개월 정도다. 치즈 속의 구멍은 숙성과정에서 생기는 가스로 인해 형성된다.

에담 edam

참 쉬운 이용법

손질하기

1. 붉은 왁스 코팅이 함께 포장된 제품
   은 코팅을 제거한다.

2. 원하는 형태로 치즈를 잘라 낸다.

3. 여러 형태로 잘라 그대로 먹거나 카나
   페, 꼬치를 만들거나 샐러드에 넣는다.

똑똑한 보관법

:: 공기가 닿지 않게 랩으로 꽁꽁 싼 뒤
   밀폐용기에 넣어 냉장보관한다.
:: 빠른 시일 안에 먹기 힘들 경우 냉동
   보관해도 좋다.
:: 냉동시켰던 에담은 생으로 먹으면 식
   감이 떨어지지만, 빵에 얹어 구워 먹
   거나 수플레나 그라탱 등에 넣어 먹
   으면 맛이나 향에서 큰 차이가 없다.

useful information

네덜란드의 에담지역에서 만들어진 옅은 노
란빛 치즈로 표면에 붉은색의 파라핀 왁스 코
팅이 되어 있다. 짧게 숙성시키면 맛이 부드럽
고 오래 숙성시킬수록 맛과 향이 점점 강해진
다. 짠맛이 강하지 않고 옅은 견과류 향이 느
껴지는 맛으로 부담 없이 즐길 수 있으며 에
멘탈이나 체더보다는 덜 단단한 편이다.

장보기 tip

맛있게 먹는 법 스콘이나 샌드위
치 등에 잘 어울리며 파스타, 그라
탱 등의 소스에 곁들이기 좋다. 가
벼운 단맛이 나는 화이트 와인이나
로제 와인과 잘 어울린다.

아지아고 asiago

참 쉬운 이용법

손질하기

1. 필러를 사용해 얇게 슬라이스하거나
   치즈그레이터로 간다.
   TIP 샌드위치나 그라탱에 넣을 때 사
   용하는 방법이다.

2. 적당한 모양으로 자른다.

똑똑한 보관법

:: 공기가 닿지 않게 랩으로 꽁꽁 싼 뒤
밀폐용기에 넣어 냉장보관한다.

:: 빠른 시일 안에 먹기 힘들 경우 냉동
보관해도 좋다.

:: 냉동시켰던 아지아고는 생으로 먹으
면 식감이 떨어지지만, 치즈그레이터
에 갈아서 베이컨이나 그라탱, 고기
요리 등에 넣어 가열하면 맛이나 향
에서 큰 차이가 없다.

useful information

저온살균을 거치지 않은 이탈리아 정통 치즈
로 처음에는 암양유로 만들었으나 요즘에는
우유로 만들고 있다. 밝은 노란빛을 띠고 있으
며 약간의 탄력이 있고 수없이 많은 작은 구
멍이 뚫려 있다. 고소한 견과류 향과 동시에
레몬의 시큼한 향이 가볍게 느껴지는 치즈다.
2~3개월 정도로 숙성해서 먹기도 하고 9개
월(베키오, vecchio)에서 길게는 2년(스트라베
키오, stravecchio)까지 숙성시키기도 한다.

장보기 tip

맛있게 먹는 법 슬라이스해서 크래커에 곁들여 먹어도 좋고, 그라탱이나 수플레 등에 넣으면 훈제 향이 더해져 치즈의 맛을 더욱 풍성하게 느낄 수 있다. 또한 소고기요리를 할 때 패티 위에 얹어 녹이거나 고기 안쪽에 넣어 조리하면 고기의 풍미를 배가시킬 수 있다.

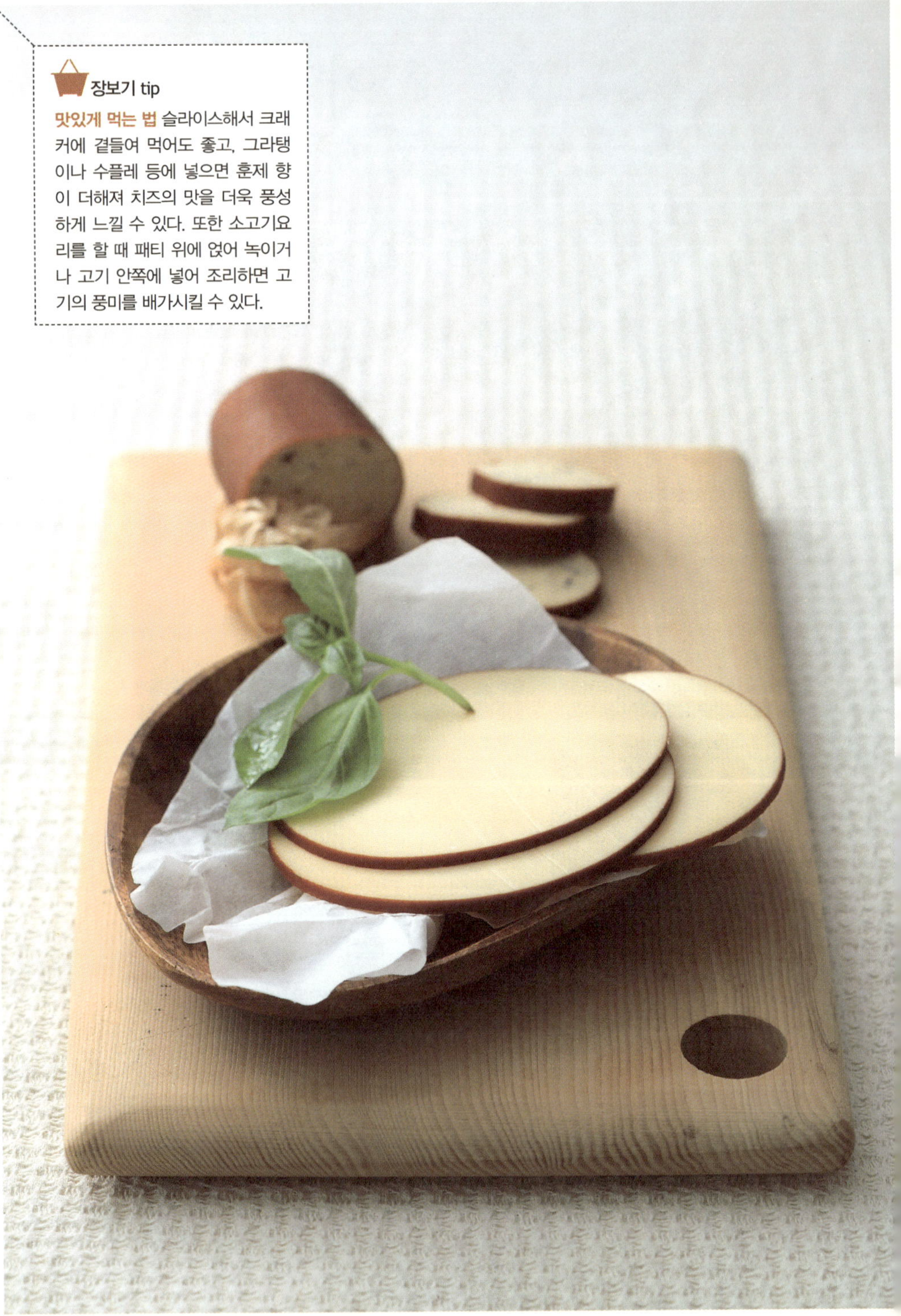

훈제 치즈 smoked cheese

참 쉬운 이용법

손질하기

1. 꼭지부분을 잘라내고 종이포장을 벗 긴다.

2. 얇게 슬라이스하여 동그랗게 자르거 나 동그란 모양에서 반달 모양으로 다시 자른다.

3. 얇게 슬라이스한 치즈를 크래커에 올
   려 카나페를 만든다.

4. 5cm 정도 길이로 자른 뒤 세워놓고 6등
   분, 8등분하여 웨지 모양으로 자른다.

5. 4에서 더 작게 한입크기로 잘라 꼬치
   에 꽂는다.

똑똑한 보관법

:: 공기가 닿지 않게 랩으로 꽁꽁 싼 뒤
   밀폐용기에 넣어 냉장보관한다.
:: 빠른 시일 안에 먹기 힘들 경우 냉동
   보관해도 좋다.
:: 냉동시켰던 훈제 치즈는 생으로 먹으
   면 식감이 떨어지지만, 빵에 넣어 구
   워 먹거나 그라탱, 고기요리 등에 넣
   어 가열하면 맛이나 향에서 큰 차이
   가 없다.

useful information

훈제과정을 거쳐 만들어지는 치즈를 훈제 치
즈라고 한다. 보통 그뤼예르, 고다, 프로볼로
네, 체더 등이 훈제 치즈로 사용된다. 치즈를
훈제하는 공정이 꽤나 까다로운데 이는 치즈
가 온도에 민감하기 때문이다. 훈제과정에서
온도가 조금만 올라가도 치즈가 녹거나 지방
이 분리되어 공정이 쉽지 않다. 이러한 이유로
간혹 저렴한 훈제 치즈 중에는 훈제과정을 거
치지 않고 인공적으로 훈제 향과 맛, 색깔을
입힌 치즈도 있으니 잘 살펴보고 구입해야 한
다. 슬라이스된 제품도 있고 지름 5~6cm 정
도의 원기둥 형태로 가공된 제품도 있다.

그라나 파다노 grana padano

참 쉬운 이용법

손질하기

1. 치즈그레이터에 간다.

2. 필러를 이용해서 얇게 슬라이스한다.

3. 칼집을 넣고 손으로 뚝뚝 떼어낸다.

   TIP 풍미가 좋은 치즈는 그대로 즐기면 거친 질감이 살아 있어 보기에 멋스럽고 맛도 좋다.

똑똑한 보관법

:: 수분 함유량이 높지 않아 쉽게 상하지 않으므로 냉장실에서 장기간 보관이 가능하다.

:: 공기가 닿지 않게 랩으로 꽁꽁 싼 뒤 밀폐용기에 넣어 냉장보관하는 것이 가장 좋다.

:: 냉동보관도 가능한데, 주로 치즈그레이터에 갈아서 사용한다면 한꺼번에 갈아서 밀폐용기에 담아 냉동실에 넣어두면 쓸 때마다 갈아 써야 하는 불편함을 덜 수 있다.

useful information ✚

우유를 가열한 뒤 압착해서 만들며 32% 정도의 지방을 함유한 단단한 치즈다. 자른 표면은 알갱이 같은 입자가 느껴지는 거친 질감을 갖고 있으며 약간 쿰쿰한 향이 난다. 주로 치즈그레이터에 갈아서 사용하며 파르미지아 레지아노의 대용 식재료로 사용된다.

맛있게 먹는 법 특유의 맛과 향이 좋아서 테이블 치즈로 애용된다. 파스타나 리조또 등에 자주 곁들여지며 샐러드와도 잘 어울린다.

파르미지아노 레지아노
parmigiano reggiano

참 쉬운 이용법

손질하기(그라나 파다노 참조)

1. 치즈그레이터에 간다.
2. 필러를 이용해서 얇게 슬라이스한다.
3. 칼집을 넣고 손으로 뚝뚝 떼어낸다.

똑똑한 보관법

:: 그라나 파다노와 마찬가지로 수분 함유량이 높지 않아 쉽게 상하지 않으므로 냉장실에서 장기간 보관이 가능하다.

:: 공기가 닿지 않게 랩으로 꽁꽁 싼 뒤 밀폐용기에 넣어 냉장보관하는 것이 가장 좋다.

:: 냉동보관도 가능하며, 주로 치즈그레이터에 갈아서 사용한다면 한꺼번에 갈아서 밀폐용기에 담아 냉동실에 넣어두면 쓸 때마다 갈아 써야 하는 불편함을 덜 수 있다.

useful information

보통 갈아서 쓰는 딱딱한 형태의 경질 치즈를 파르메산(parmesan)이라 하는데, 파르미지아노 레지아노는 그중에서도 이탈리아 치즈의 왕으로 불리는 정통 이탈리아 치즈로 파르마, 레지오 에밀리아, 볼로냐, 만토바지역에서 생산되는 치즈다. 가열한 뒤 압착해서 숙성시킨 것으로 입자가 거칠며 노란빛을 띤다. 보통 덩어리를 갈아서 사용하는데 풍미가 좋아 이탈리아 요리에 널리 쓰인다. 호주, 미국 등에서 만든 파르메산 가루는 맛과 질감에서 정통 파르미지아노 레지아노와 차이가 있지만 대체가 가능하다.

+Recipe

파르미지아노 레지아노로 만드는…

파르미지아노
레지아노 칩

재료

파르미지아노 레지아노 간 것 2컵, 타임가루 약간

만들기

1. 오븐트레이에 실리콘매트를 깔고 파르미지아노 레지아노 간
   것을 지름 8cm 정도 크기로 납작하고 둥그렇게 펴 담는다.
2. 2의 위에 타임가루를 뿌리고 200도 오븐에서 5~8분 정도 구
   운 뒤 식힌다.

TIP 1 파르미지아노 레지아노 대신 그라노 파다노로 대체할 수 있다.

TIP 2 타임가루 대신 허브가루로 대체 가능하며 생략해도 무방하다.

TIP 3 오븐에서 치즈가 끓으면서 노르스름해지면 꺼내어 식히는데 끓기 시
작한 뒤에 자칫 태우기 쉬우므로 주의한다.

장보기 tip

맛있게 먹는 법 에멘탈과 함께 녹여서 빵이나 고기 등을 찍어 먹는 요리인 퐁듀로 즐기며, 퐁듀에 넣은 와인을 함께 곁들이면 더욱 좋다. 수플레나 그라탱에도 잘 어울리며 식빵에 햄과 함께 곁들여 먹는 크로크무슈에도 쓰인다. 프렌치 어니언 스프에 듬뿍 올려 굽는 치즈가 바로 그뤼예르다.

그뤼예르 gruyère

참 쉬운 이용법

손질하기

1. 치즈그레이터에 간다.
2. 필러를 이용해서 얇게 슬라이스한다.
3. 칼집을 넣고 손으로 뚝뚝 떼어낸다.

똑똑한 보관법

:: 수분 함유량이 높지 않아 쉽게 상하지 않으므로 냉장실에서 장기간 보관이 가능하다.

:: 공기가 닿지 않게 랩으로 꽁꽁 싼 뒤 밀폐용기에 넣어 냉장보관하는 것이 가장 좋다.

:: 냉동보관도 가능하며, 주로 치즈그레이터에 갈아서 사용한다면 한꺼번에 갈아서 밀폐용기에 담아 냉동실에 넣어두면 쓸 때마다 갈아 써야 하는 불편함을 덜 수 있다.

---

useful information

그뤼예르지역의 이름을 따서 생긴 명칭이다. 스위스의 알프스 지방에서 생산되는 치즈로 노란빛을 띠는 딱딱한 질감을 가지고 있다. 45% 이상의 지방을 함유하고 있고 은은한 견과류 향이 난다. 보통 6개월 정도의 숙성기간을 거치며 그보다 오랜 숙성을 거치는 제품도 있다.

피자 치즈 pizza cheese

참 쉬운 이용법

손질하기

1. 블록 형태는 필요한 크기대로 칼로 자른다.
2. 슈레드 형태는 그대로 요리에 뿌려 사용한다.
3. 빵 위에 얹거나 토르티야 사이에 넣고 굽는다.

똑똑한 보관법

:: 빠른 시일 안에 먹으면 밀폐용기에 넣어 냉장보관한다.
:: 장기간 보관할 경우 냉동보관한다.

useful information ✚

피자에 쓰기 편하도록 가공한 치즈로 고무와 같은 탄력을 갖고 있으며 블록 형태나 슈레드 (가늘고 작게 채썬 형태)되어 나온 제품이 있다. 생으로 먹지 않고 조리해서 먹는 치즈로 열이 가해져 녹으면 죽 늘어나는 성질이 있다.

스프레드 치즈 spread cheese

참 쉬운 이용법

손질하기

1. 빵이나 크래커에 곁들인다.
2. 샌드위치의 스프레드로 활용한다.
3. 플레인 크림 치즈는 그대로 사용하거나 기호에 따라 과일, 향신료 등을 더해 사용한다.

똑똑한 보관법

:: 구입 후에는 냉장, 냉동보관한다.
:: 사용하고 남은 치즈는 밀봉하여 냉장보관한다.

useful information ✚

스프레드 치즈에는 다양한 종류의 제품이 유통되고 있는데, 그중 가장 대표적인 스프레드 치즈로는 크림 치즈가 있다. 1880년대 미국에서 시작된 필라델피아 크림 치즈로 발라 먹기 편한 부드러운 질감을 가졌으며 고소한 맛과 동시에 은은하게 시큼한 맛을 지녔다. 우유에 크림을 더해 가공하기 때문에 지방 함유량이 높은 편이다. 플레인 크림 치즈는 치즈케이크를 만들 때 쓰는 대표적인 재료다.

+Recipe

스프레드 치즈로 만드는…

갈릭 허브
치즈 스프레드

재료

크림 치즈 1컵, 마늘 10알, 파슬리가루 2작은술, 식용유

드레싱재료

설탕 2작은술, 다진 마늘 1작은술, 소금 1/3작은술,
발사믹식초 2큰술, 엑스트라 버진 올리브오일 2큰술

만들기

1. 마늘을 반으로 자른 뒤 식용유를 두른 팬에서 약한 불에 노
   릇하게 익힌다.
2. 키친타월에 익힌 마늘을 올려 기름을 제거한 뒤 으깬다.
3. 크림 치즈에 으깬 마늘과 파슬리가루를 넣어 섞는다.

TIP 구운 빵이나 크래커 등을 함께 곁들인다.

장보기 tip

맛있게 먹는 법 아이들이나 어른들을 위한 간식이나 술안주로 좋다.

포션 연성 치즈 portion soft cheese

참 쉬운 이용법

손질하기

1. 포장을 풀고 그대로 한입에 먹는다.
2. 빵이나 크래커에 발라 먹는다.

3. 샌드위치의 스프레드로 사용한다.
4. 신선한 과일과 곁들이거나 잼에 발라 먹는다.
5. 밥과도 잘 어울려 초밥양념한 밥에 연어, 오이 등을 넣어 롤을 싸도 좋고 일반 김밥에 넣어도 맛있다.

   TIP 아이들용 주먹밥을 만들 때 밥 안에 조금씩 떼어 넣어도 좋다.

똑똑한 보관법

:: 빠른 시일 안에 먹을 경우 밀폐용기에 넣어 냉장보관한다.
:: 장기간 보관하려면 냉동보관한다.

useful information

한번에 하나씩 먹기 편하도록 한입크기로 포장되어 나온 가공 치즈다. 부드러운 맛과 질감을 가지고 있어 아이들 간식으로 좋다. 지방이나 수분 함량이 높은 편이며, 제조사에 따라 저지방 제품이 나오기도 하고 여러 가지 맛이 가미된 제품도 다양하게 생산된다.

Thanks to

촬영을 위해 도움을 준 '구르메 FnB 코리아'와 '따뜻한 식탁'에 감사드립니다.

구르메 FnB 코리아 www.gourmetfb.co.kr
따뜻한 식탁 www.warm-table.co.kr